Mathematik 5

Berlin

Autoren:

Gisela Krewer, Stadthagen
Rudolf Krewer, Stadthagen
Bernd Reelfs, Großenkneten
Klaus Tiedt, Braunschweig
Wilhelm Wilke, Stadthagen

1. Auflage		Druck	7	6	5	4	3
Herstellungsjahr		2006	2005	2004	2003	2002
Alle Drucke dieser Auflage können im Unterricht parallel verwendet werden.

© Westermann Schulbuchverlag GmbH, Braunschweig 2000
www.westermann.de

Verlagslektorat: Gerhard Strümpler, Corinna Buck
Typografie und Lay-out: Andrea Heissenberg
Herstellung: Reinhard Hörner

Druck und Bindung: westermann druck GmbH, Braunschweig

ISBN 3-14-**14 1855**-1

Inhaltsverzeichnis

1 Natürliche Zahlen 8
    Große Zahlen 9
    Große Zahlen lesen und schreiben 10
    Sachaufgaben mit großen Zahlen 11
    Zahlen runden 12
    Zahlenstrahl 13
    Zahlen ablesen 14
    Zahlenfolgen 15
    Darstellen natürlicher Zahlen 17
    Diagramme lesen 18
    Diagramme zeichnen 19
    Andere Völker – andere Zahldarstellungen 20
    Zehnerpotenzen 22
    Zweiersystem 23
    Rechnen im Zweiersystem 24
  ● Kopfrechentraining 25

2 Addieren und Subtrahieren 26
    Subtrahieren 27
    Addition und Subtraktion 28
    Vermischte Übungen 29
    Zaubereien mit Zahlen 31
    Rechnen mit Klammern 32
    Rechengesetze 33
    Schriftliches Addieren 35
    Schriftliches Subtrahieren 37
    Sachaufgaben 38
    Vermischte Übungen zur Addition und Subtraktion 39
    Sachaufgaben 40
    Vermischte Übungen 41
  ● Bundesjugendspiele – Leichtathletik 46
  ● Kopfrechentraining 48

3 Geometrie 49
    Gerade Linien 50
    Strecken 51
    Strecken messen und zeichnen 52
    Streckenzug 53
    Geraden und Strahlen 54
    Senkrechte Geraden 56
    Senkrechte Geraden zeichnen 58
    Abstand 59
    Parallele Geraden 61
    Parallele Geraden zeichnen 63
    Vermischte Übungen 64
    Optische Täuschungen 65
    Rechteck und Quadrat 66
    Dreieck 71
    Parallelogramm und Raute 73
    Trapez und Drachen 75
    Koordinatensystem 77

Figuren im Koordinatensystem 79
Achsensymmetrische Figuren 82
● Kopfrechentraining 86

4 Multiplizieren und Dividieren 87
Rechnen mit Null 89
Kopfrechnen mit großen Zahlen 90
Punkt-, Strich- und Klammerrechnung 91
Verbindungs- und Vertauschungsgesetz 93
Verteilungsgesetz 94
Vermischte Übungen 95
Schriftliches Multiplizieren 96
Multiplizieren und Potenzieren 100
Schriftliches Dividieren 102
Übungen zu den vier Grundrechenarten 105
● Kopfrechentraining 109

5 Rechnen mit Größen 110
Der Euro – eine neue Währung 111
Geld addieren und subtrahieren 112
Geld multiplizieren und dividieren 113
Sachrechnen mit Geld 114
Vom Wiegen 115
Gewichte umwandeln 116
Gewichte addieren und subtrahieren 117
Gewichte multiplizieren und dividieren 118
Längen umwandeln 119
Messen mit Hand und Fuß 122
Längen addieren und subtrahieren 123
Längen multiplizieren und dividieren 124
Sachrechnen mit Längen 125
● Die neue Wohnung – Arbeiten mit dem Maßstab 126
Von der Zeit 128
Rechnen mit Zeitspannen 129
● Zeitzonen 131
● Freizeit 132
● Sachaufgaben aus der Umwelt 134
● Kopfrechentraining 135

6 Geometrische Körper 136
Quader und Würfel 138
Würfelnetze 139
Quadernetze 142
Arbeiten mit Würfel und Quader 143
Schrägbilder 144
● Kopfrechentraining 146

7 Umfang und Flächeninhalt 147
Umfang berechnen 148
Flächeninhalt vergleichen 150
Flächeneinheiten 152

Inhaltsverzeichnis

Flächeneinheiten umwandeln 153
Flächeninhalt berechnen 155
● Flächen in der Natur berechnen 157
● Kopfrechentraining 158

8 Teilbarkeit 159
Teiler und Vielfache 160
Teilermengen und Vielfachenmengen 161
Gemeinsame Teiler, größter gemeinsamer Teiler (ggT) 163
Größter gemeinsamer Teiler 164
Gemeinsame Vielfache, kleinstes gemeinsames Vielfaches (kgV) 165
Vermischte Übungen zu ggT und kgV 166
Teilbarkeit durch 2, 5 und 10 167
Teilbarkeit durch 3 und 9 168
Teilbarkeit durch 4 und 25 169
Vermischte Übungen 170
Teilbarkeit von Summen 172
Teilbarkeit von Summen und Produkten 173
Primzahlen 174
Primfaktorzerlegung 176
Bestimmen von ggT und kgV durch Primfaktorzerlegung 177
Primfaktorzerlegung in der Potenzschreibweise 178
● Kopfrechentraining 179

9 Brüche 180
Bruchteile 181
Erweitern und Kürzen 183
Vergleichen von Brüchen 186
Brüche am Zahlenstrahl 187
Bruchteile von Größen 188
Bruchteile berechnen 189
Das Ganze bestimmen 190
● Kopfrechentraining 191

10 Lernkontrollen 192
Natürliche Zahlen 193
Addieren und Subtrahieren 194
Geometrie 195
Koordinatensystem 196
Multiplizieren und Dividieren 197
Rechnen mit Größen 198
Geometrische Körper 199
Umfang und Flächeninhalt 200
Teilbarkeit 201
Brüche 202

Lösungen zu den Lernkontrollen 203
Lösungen zum Kopfrechentraining 206
Register 207
Bildquellennachweis 208

Mathematische Zeichen und Gesetze

Zeichenerklärung:

▬ (grau)	Seite mit grauem Streifen	Einführung in ein neues Thema und Übungen auf Grundniveau zur Auswahl
▬ (blau)	Seite mit blauem Streifen	Übungen auf gehobenem Niveau und Zusatzstoffe
▬ (rot)	Seite mit rotem Streifen	Übungen auf hohem Niveau und Zusatzstoffe
⬤ 6	Aufgaben mit Prüfzahlen zur Selbstkontrolle	
●	Themenzentrierte Sachaufgaben	
●	Kopfrechentraining	
	Aufgaben zum Tüfteln	

Mengen	
$M = \{4, 5, 6, 7\}$	Menge aus den Elementen 4, 5, 6 und 7 in aufzählender Form
$\mathbb{N} = \{0, 1, 2, 3, \ldots\}$	Menge der natürlichen Zahlen
L	Lösungsmenge für eine Gleichung bzw. Ungleichung
$\{\ \}$	leere Menge

Beziehungen zwischen Zahlen			
		$\approx$	nahezu gleich
$a = b$	a gleich b	$a > b$	a größer als b
$a \neq b$	a ungleich b	$a < b$	a kleiner als b

Verknüpfungen von Zahlen			
$a + b$	Summe (*lies:* a plus b)	$a \cdot b$	Produkt (*lies:* a mal b)
$a - b$	Differenz (*lies:* a minus b)	$a : b$	Quotient (*lies:* a geteilt durch b)

Rechengesetze
Vertauschungsgesetz (Kommutativgesetz)
$3 + 7 = 7 + 3$ $\qquad$ $3 \cdot 7 = 7 \cdot 3$

Verbindungsgesetz (Assoziativgesetz)
$3 + (7 + 5) = (3 + 7) + 5$ $\qquad$ $3 \cdot (7 \cdot 5) = (3 \cdot 7) \cdot 5$

Verteilungsgesetz (Distributivgesetz)
$6 \cdot (8 + 5) = 6 \cdot 8 + 6 \cdot 5$ $\qquad$ $6 \cdot (8 - 5) = 6 \cdot 8 - 6 \cdot 5$

Geometrie	
$A, B, C, \ldots$	Punkte
$\overline{AB}$	Strecke mit den Endpunkten A und B
AB	Gerade durch die Punkte A und B
$g, h, k, \ldots$	Geraden
$g \parallel h$	g ist parallel zu h
$g \perp k$	g ist senkrecht zu k
$P(3\mid 4)$	Punkt im Koordinatensystem mit den Koordinaten 3 (Rechtswert) und 4 (Hochwert)

Zahlen überall

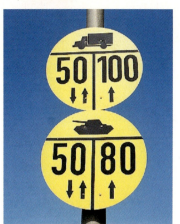

1 Natürliche Zahlen

1

a) Kannst du dir vorstellen, welchen Planeten das Raumschiff ansteuert? Versuche, die Zahlen zu lesen, die der Bordcomputer auf dem Bildschirm anzeigt.
b) Wie viel Quadratkilometer bewohnbares Land hat dieser Planet? Wie viel Tonnen Süßwasser zum Trinken gibt es dort? Wie viel Tonnen Sauerstoff zum Atmen befinden sich in der Luft?
c) Die Raumfahrer kommen aus einer fernen Galaxis und erkunden unser Sonnensystem. Sie erkennen, dass alle Planeten um unsere Sonne kreisen. Für ihre Arbeit ist die folgende Tabelle sehr wichtig. Versuche die Zahlen zu lesen.

Raumschiff Galaxy 7		Ausdruck Raumzeit 35:24:59	
Planet	mittlerer Abstand zur Sonne	Bahnlänge (Kreis)	Umlaufzeit etwa	mittlere Fluggeschwindigkeit
Merkur	57 900 000 km	363 612 000 km	88 Tage	172 165 km/h
Venus	108 200 000 km	679 496 000 km	225 Tage	125 833 km/h
Erde	149 600 000 km	939 488 000 km	365 Tage	10 724 km/h
Mars	227 900 000 km	1 431 212 000 km	687 Tage	86 803 km/h
Jupiter	778 000 000 km	4 892 120 000 km	4332 Tage	47 054 km/h
Saturn	1 428 000 000 km	8 992 960 000 km	10759 Tage	34 827 km/h
Uranus	2 872 000 000 km	18 136 640 000 km	30687 Tage	24 626 km/h
Neptun	4 498 000 000 km	28 316 520 000 km	60184 Tage	19 604 km/h
Pluto	5 910 000 000 km	37 466 480 000 km	90700 Tage	17 212 km/h

Große Zahlen

2 a) In der Abbildung siehst du eine erweiterte **Stellenwerttafel.** Lies die großen Zahlen.

Billiarden			Billionen			Milliarden			Millionen			Tausender					
H	Z	E	H	Z	E	H	Z	E	H	Z	E	H	Z	E	H	Z	E
									7	0	1	8	5	0	0	8	1
						3	0	8	1	0	0	2	0	0	0	0	0
	7	6	0	0	0	4	0	1	0	0	0	0	0	0	0	0	0

b) Zeichne diese Stellenwerttafel in dein Heft und trage ein.

7 Tausend	43 Millionen 700 Tausend	9 Milliarden 9 Millionen 9 Tausend
19 Millionen	34 Milliarden 5 Millionen	719 Milliarden 43 Millionen 64 Tausend
211 Milliarden	801 Billionen 960 Milliarden	4 Billionen 8 Milliarden 90 Millionen
3 Billionen	719 Milliarden 530 Millionen	520 Milliarden 3 Millionen 5 Tausend
80 Milliarden	934 Milliarden 4 Tausend 12	9 Milliarden 43 Millionen 780

Große Zahlen lesen und schreiben

3 Lies folgende Zahlen.
a) 7 084
5 732
23 067
76 004
b) 9 105
10 750
98 003
700 342
c) 678 032
652 345
9 800 704
3 005 412
d) 30 076 542
83 023 012 034
75 020 507 345
106 780 321 623

4 Trage in eine Stellenwerttafel ein.
a) 3 720 000
945 000
15 698 000
b) 873 800
2 364 050
21 666 700
c) 9 707 825
15 601 255
83 670 444
d) 190 730 483
69 770 960
590 880 123
e) 188 000 000 500
544 000 700 000
397 800 000 000

5 Schreibe in Ziffern.
a) 4 Millionen
7 Milliarden
90 Billionen
b) 17 Tausend
36 Milliarden
95 Billionen
c) 19 Milliarden
97 Millionen
480 Tausend
d) 600 Milliarden 7 Millionen
40 Millionen 70 Tausend
9 Milliarden 6 Millionen

6 Schreibe in Ziffern.
a) 5 Millionen 804 Tausend 500
927 Millionen 34 Tausend 7
719 Millionen 43 Tausend 64
b) 33 Milliarden 52 Millionen 832
520 Milliarden 3 Millionen 5 Tausend
80 Milliarden 530 Millionen 7

7 Schreibe in Ziffern.
a) 6 T 4 H 23 E
60 Mrd 40 Mio 23 E
650 Mrd 230 Mio 600 T
9 Mrd 743 T 50 E
b) 6 Mio 4 T 23 E
606 Mrd 404 Mio 23 E
934 Mrd 885 Mio 4 T 3 E
55 Mio 76 T 333 E
c) 6 Mrd 4 Mio 23 E
400 Mrd 200 Mio 35 T 704
43 Mrd 67 Mio 4 T 800 E
5 Mrd 5 Mio 5 T 5 E

8 Lass dir die Zahlen vorlesen und schreibe sie als Zahlendiktat in dein Heft.
a) 70 004
629 031
b) 8 045 621
308 800 750
c) 5 378 000 200
45 300 060 004
d) 171 011 307 056
890 406 520 099

9 Welche Zahl ist
a) die kleinste dreistellige
die kleinste fünfstellige
die kleinste neunstellige
b) die größte dreistellige
die kleinste sechsstellige
die kleinste zwölfstellige
c) die größte vierstellige
die größte sechsstellige
die größte zwölfstellige

10

Schreibe die Zahlen aus wie in der Abbildung.
a) 40 000
800 000
4 000 000
b) 32 000
125 000
66 000 500
c) 425 100
5 900 000
99 500 800
d) 3 780 500
7 630 900 000
230 000 990 000

Sachaufgaben mit großen Zahlen

1 Während der Inflation 1923 kletterten die Preise unaufhörlich. 1 kg Roggenbrot kostete

im Dezember 1920	2,30 RM
im Dezember 1921	4,10 RM
im Dezember 1922	165,00 RM
im Januar 1923	263,00 RM
im März 1923	470,00 RM
im Juni 1923	1 440,00 RM
im August 1923	70 500,00 RM
im September 1923	1 621 000,00 RM
im Oktober 1923	1 825 000 000,00 RM
im November 1923	195 000 000 000,00 RM

Wie viele der abgebildeten Geldscheine musste die Hausfrau im September, im Oktober und im November 1923 mitnehmen, wenn sie mit möglichst wenigen Scheinen auskommen wollte?

2 Ordne die Städte nach der Anzahl ihrer Einwohner und schreibe die Zahlen aus. Die größten Städte der Welt mit Randgebieten.

Bombay:	8 Mio 200	Moskau:	8 Mio 300 T	Sao Paulo:	12 Mio 600 T
Buenos Aires:	10 Mio 800 T	New York:	9 Mio 100 T	Schanghai:	11 Mio 900 T
Kairo:	14 Mio 200 T	Paris:	8 Mio 500 T	Seoul:	8 Mio 400 T
Kalkutta:	9 Mio 200 T	Peking:	9 Mio 200 T	Tientsin:	7 Mio 800 T
Mexiko City:	15 Mio	Rio de Janeiro:	9 Mio	Tokio:	8 Mio 300 T

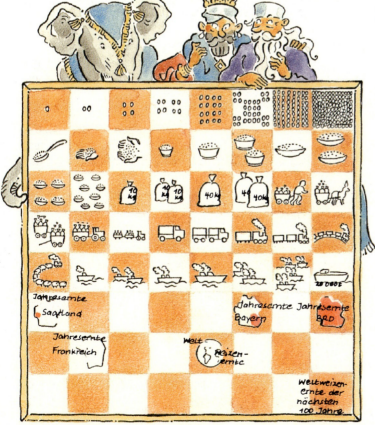

3 Eine alte Geschichte berichtet:
„Vor langer Zeit hatte ein weiser Brahmane (Priester) in Indien das Schachspiel erfunden und seinem König zum Geschenk gemacht. Der König war so begeistert über das Spiel, dass er dem Brahmanen einen freien Wunsch gestattete. Dieser erbat sich für das erste Feld des Schachbretts ein Weizenkorn und für die restlichen 63 Felder jeweils doppelt so viele Körner wie für das vorherige.
Der König, erfreut über den bescheidenen Wunsch des Weisen, ließ ihm aus einer Schüssel ein Feld nach dem anderen mit der gewünschten Anzahl Körner belegen. .. Doch man war noch längst nicht bis zur Hälfte des Schachbretts gelangt, als der König plötzlich erkennen musste, dass der Wunsch des Brahmanen nicht nur ihn, sondern das ganze Land ruinieren musste ... Beschämt musste er kapitulieren."

Bereits für das vierzigste Feld wären es rund 20 000 Tonnen Weizen. Versuche die Zahlen für die restlichen Felder aufzuschreiben.

Zahlen runden

1 Was meint der Vater mit seiner Antwort? Ist das der genaue Preis? Kann das Auto auch billiger oder teurer gewesen sein?

2 Überlege, bei welchen Zahlen du runden darfst.

Peter bekommt 5,75 EUR Taschengeld.
Uschi ist 1 m und 43 cm groß.
Muttis Schuhgröße ist 39.
Omas Postleitzahl ist 22001.
Das Mathe-Buch hat 198 Seiten.
Die Schule hat die Telefonnummer 364781.
Köln hat 955500 Einwohner.
Mein Fahrrad hat die Rahmen-Nummer 470466137.

Herr Gerner ist 28,748 km gewandert.
Beim Lesen bin ich auf Seite 39.
Der Brocken ist 1142 m hoch.
Der größte Blauwal ist 29 m 57 cm lang.
Das Jahr hat 365 Tage.
Der höchste Baum ist 152 m 5 cm hoch (Eukalyptusbaum).
Von Dortmund nach Bremen sind es 228 km.

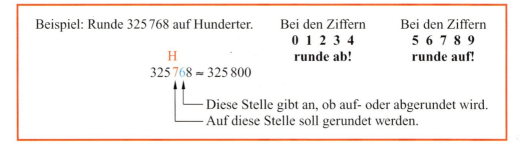

3 Runde

a) auf Zehner	b) auf Zehner	c) auf Hunderter	d) auf Tausender	e) auf Zehntausender
42	455	64540	943951	6327849
37	1567	72950	628149	3425000
44	13542	23441	2231609	7894900
123	123478	96349	7768498	3496480
525	235854	54723	3496480	911006732

4 Runde auf Hunderttausend (auf Millionen)

a)	b)	c)	d)	e)
2743674	1584903	19537812	99499999	75000999
703471999	91489475	66500000	99999999	199523000

5 Die folgenden Zahlen wurden gerundet. Wie groß können sie vor dem Runden höchstens (wenigstens) gewesen sein? Wie groß ist dann der Unterschied zur gerundeten Zahl?

a)	b)	c)	d)	e)
20	1300	18000	250000	4000000
540	2000	90000	900000	11000000
930	12000	101000	1500000	750000000

Zahlenstrahl

1

Schlachtermeister Tewes hat am Eingang zu seinem Laden ein Gerät aufgestellt, aus dem man sich ein Nummernkärtchen ziehen kann, wenn viel Betrieb ist. Meike hat die Nummer 151, Karsten die 140. Wozu dient das Gerät?

> Beim Zählen benutzen wir natürliche Zahlen. Die natürlichen Zahlen werden in gleichen Abständen auf dem Zahlenstrahl angeordnet.
> Die Zahl 0 (Null) hat keinen **Vorgänger,** jede andere natürliche Zahl hat genau einen **Nachfolger.**
>
> Die Menge der natürlichen Zahlen hat unendlich viele Elemente.
> $$\mathbb{N} = \{0, 1, 2, 3, 4, \ldots\}$$
>
> 0 1 2 3 4 5 6 7 8 9 10 11 12 13 14 15 16 17 18 19 20
>
> Auf dem Zahlenstrahl steht
>   5 links von 18   18 rechts von 5
>   **5 ist kleiner als** 18   18 **ist größer als** 5
>   5 < 18   18 > 5

2 Trage auf einem Zahlenstrahl die Zahlen 0, 3, 6, 7, 14, 18, ein. Achte auf die Abstände.

3 Wie heißen Vorgänger und Nachfolger?
    a) 3   9   17   0   18   b) 537   8054   710829   c) 9000   100   191   919

4 Übertrage die Tabelle in dein Heft und fülle aus.

a)

Vorgänger	Zahl	Nachfolger
	859	
513		
		601

b)

Vorgänger	Zahl	Nachfolger
	1 000 000	
298 721		
		2 823 721

5 Ordne in einer Kette nach der Beziehung „ist kleiner als" (1<2<3).
    a) 5, 88, 11, 42, 3, 10, 7, 90, 45, 76, 4, 59, 87
    b) 732, 191, 1002, 2001, 109, 654, 119, 101, 978
    c) 532 076, 253 078, 952 339, 531 077, 235 870

6 Ordne in einer Kette nach der Beziehung „ist größer als" (3>2>1).
    a) 836, 465, 702, 952, 999, 625, 562, 831
    b) 1115, 1051, 1015, 1501, 1105, 1151, 1510
    c) 589 785, 578 965, 597 857, 589 784, 578 956

Zahlen ablesen

1 Häufig werden Zahlenstrahlen nur mit wenigen Zahlen beschriftet. Dennoch kann man erkennen, welche Zahlen durch Pfeile gekennzeichnet wurden.

Lies an den folgenden Zahlenstrahlen ab, wie die markierten Zahlen heißen.

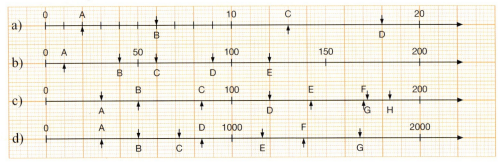

2 Welche Zahlen sind markiert?

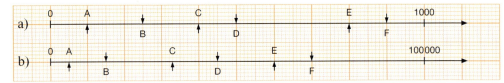

3 Lies die angezeigten Werte ab.

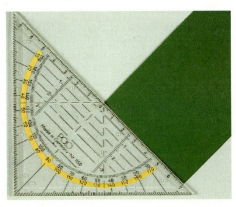
Geodreieck

Thermometer

Uhr mit nur einem Zeiger

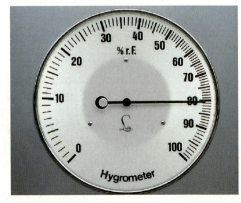
Luftfeuchtigkeitsmesser

Zahlenfolgen

1 Laura baut eine Treppe, die sie fortsetzen möchte. Wie viele Steine benötigt sie dazu insgesamt?
Erkennst du, nach welcher Regel sich die Anzahl der Steine für die nächste Stufe berechnen lässt?

	1. Stufe	2. Stufe	3. Stufe	4. Stufe	
Steine insgesamt	1	3	6	10	

> Regelmäßig angeordnete Zahlen nennt man **Zahlenfolgen.**
>
> Beispiel: 0, 1, 3, 6, 10, …   9, 18, 36, 72, …
> Die Regel lautet: Die Regel lautet:
> +1, +2, +3, +4, …   ·2

2 Berechne die nächsten fünf Zahlen.
   a) 0, 2, 4, 6, …   b) 0, 3, 6, 9, …   c) 1, 3, 5, 7, …   d) 1, 5, 9, 13, …   e) 3, 12, 21, 30, …

3 Ergänze jede Zahlenfolge um drei Zahlen und gib jeweils die Regel an.
   a) 5, 10, 15, 20, …   b) 88, 82, 76, …   c) 3, 20, 37, …   d) 121, 110, 99, …

4 Berechne die nächsten drei Zahlen und gib die Regel an.
   a) 3, 6, 12, 24, …   b) 1, 3, 9, 27, …   c) 4, 20, 100, 500, …   d) 1024, 512, 256, …
      50, 45, 40, 35, …   100, 89, 78, …   1000, 925, 850, …   110, 99, 88, …
      77, 88, 99, …   1, 8, 15, …   6, 15, 24, …   200, 150, 110, …

5 Erweitere die Folgen um je drei Zahlen nach links und nach rechts.
   a) …, 17, 22, 27, …   b) …, 21, 23, 25, …   c) …, 46, 55, 64, …   d) …, 84, 96, 108, …

6 a) Schreibe die ersten sechs Glieder einer Zahlenfolge auf, die nach der Regel „+3" gebildet wird und mit 1 beginnt.
   b) Bilde eine Zahlenfolge nach der Regel „·2" und beginne bei 2.

7 Gib die zehnte Zahl bei der Folge an.
   a) Erste Zahl 3, Regel „+3"   Erste Zahl 0, Regel „+8"
   b) Erste Zahl 12, Regel „+6"   Erste Zahl 1000, Regel „−50"

8 Wie lautet die Regel der Zahlenfolgen? Findest du eine zweite Regel?
   a) 10, 100, 1000, …   b) 3, 9, 27, …   c) 81, 27, 9, …   d) 2, 22, 242, …
      7, 21, 63, …   64, 32, 16, …   80, 320, 1280, …   1, 2, 4, …

9 Setze die Zahlenfolgen um fünf Zahlen fort. Regel „addiere 2, multipliziere mit 2".
   a) 1, 3, 6, 8, …   b) 0, 2, 4, 6, …   c) 23, 25, 50, …

Zahlenfolgen

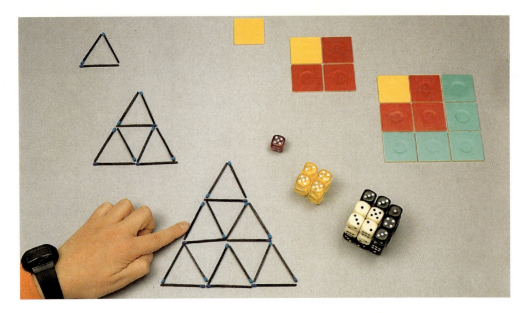

10 a) Zeichne das Quadratmuster aus der Abbildung in dein Heft und erweitere es. Aus wie vielen kleinen Quadraten sind die größeren Quadrate entstanden? Wie heißt die Regel für diese Zahlenfolge?
b) Zeichne die nächste Dreiecksfigur in dein Heft oder lege sie mit Streichhölzern. Aus wie vielen Dreiecken sind die größeren Dreiecke entstanden? Wie heißt die Regel für diese Zahlenfolge?
c) Auch aus Würfeln lassen sich größere Würfel zusammensetzen. Suche die Zahlenfolge, die sich dabei ergibt, und gib die Regel an.

11 Frau Hehnke hat für ihre Schülerinnen und Schüler ein Arbeitsblatt mit verschiedenen Treppen angefertigt.
Es ergibt sich jedesmal eine Zahlenfolge, wenn man
a) die Würfel zählt,
b) die Klebeflächen zwischen den Würfeln zählt,
c) die einzelnen Quadratflächen an den Würfeln zählt, die nicht verklebt sind.
Welche Zahlenfolgen erkennst du?

Anzahl der Würfel					
Anzahl der Klebeflächen					
Anzahl der nicht verklebten Quadratflächen					

12 Ein arabischer Scheich hat in seinem Palast ein Seerosenbecken. Die Seerose darin verdoppelt an jedem Tag die Anzahl ihrer Blätter. Am 20. Juni sind es 256 Blätter und das Becken ist zur Hälfte zugewachsen.
a) Wann wird es ganz zugewachsen sein?
b) Wann hatte die Seerose ihr erstes Blatt? Notiere die zugehörige Zahlenfolge.

Darstellen natürlicher Zahlen

1 Ute und Bernd haben bei einer Verkehrszählung am Schlossplatz **Strichlisten** geführt und die Ergebnisse in einer **Häufigkeitstabelle** zusammengestellt.

Welche Zahlen sind richtig übertragen? Vergleiche die Strichlisten von Ute und Bernd. Welche Schreibweise ist vorteilhafter?

Zählung am Schlossplatz	
Fahrräder	27
Motorräder	12
Lkw	30
Pkw	7

2 In drei Klassen ist eine Vergleichsarbeit geschrieben worden. Das Ergebnis hat der Mathematiklehrer als **Säulendiagramm** dargestellt.

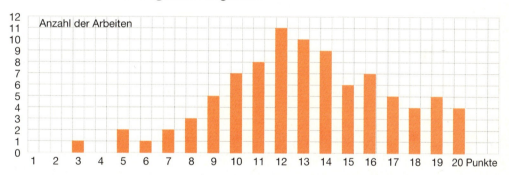

Lies am Säulendiagramm ab, wie oft jede Punktzahl erreicht wurde.

3 Manche Bäume können sehr alt werden. In diesem Diagramm sind die Angaben gerundet.
a) Lies die dargestellten Zahlen.
b) Seit welchem Jahr könnten diese Bäume leben?
c) Bis wann könnten die Bäume leben, wenn du heute einen Samen in die Erde steckst?

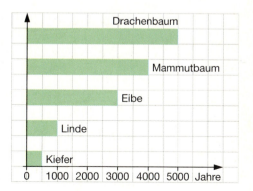

Diagramme lesen

1

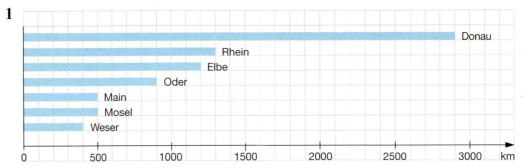

Lies ab, wie lang die dargestellten Flüsse sind.

2

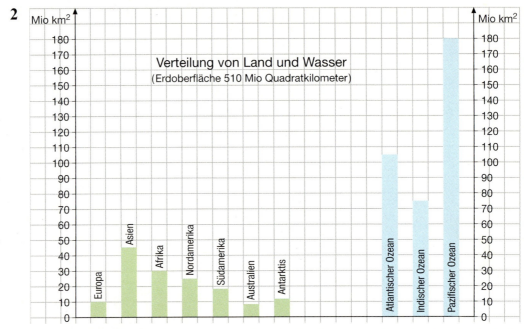

a) Lies die Größe der Kontinente aus dem Säulendiagramm ab und ordne die Erdteile nach ihrer Größe.
b) Ist der Pazifische Ozean größer als alle Kontinente zusammen?

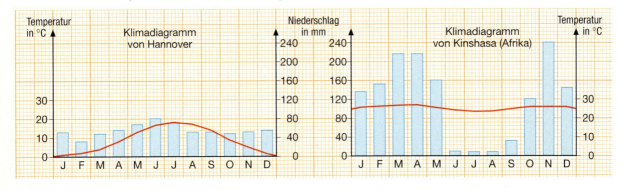

3 a) In welchen Monaten regnet es in Kinshasa kaum?
b) Vergleiche die monatlichen Niederschlagsmengen der beiden Städte miteinander.
c) Lies die monatlichen Durchschnittstemperaturen der beiden Orte ab.
d) Gibt es in Kinshasa auch vier Jahreszeiten?

Diagramme zeichnen

1 Stelle die monatlichen Niederschlagsmengen von Oldenburg in einem Säulendiagramm dar.

J	F	M	A	M	J	J	A	S	O	N	D
35	44	47	49	51	61	80	81	58	61	53	61

Die Abbildung zeigt dir, wie du die Einteilung und Beschriftung der Achsen vornehmen kannst.

1 cm an der Hochachse entsprechen dabei 10 mm Niederschlag
(1 cm $\triangleq$ 10 mm)

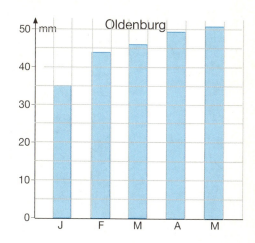

2 Peter hat mit seinen Eltern den Urlaub in Spanien verbracht. Zeichne für die Niederschlagsmengen ihres Ferienortes ein Säulendiagramm (1 cm $\triangleq$ 10 mm Niederschlag).

Niederschlagsmengen											
J	F	M	A	M	J	J	A	S	O	N	D
24	16	24	44	40	12	4	8	32	48	28	36

3 Bei der „Tierolympiade" laufen gleichzeitig:

Katze	45 km/h	Gepard	130 km/h
Mauersegler	280 km/h	Libelle	50 km/h
Rennpferd	70 km/h	Mensch	32 km/h
Strauß	100 km/h	Schildkröte	1 km/h

Zeichne ein Diagramm für diese Zahlen (1 Rechenkästchen für 10 km/h).

4 Die ökologische Landwirtschaft ohne chemische Pflanzenschutzmittel und ohne Stickstoffdünger verbreitet sich in Deutschland zunehmend. Zeichne ein Säulendiagramm (1 cm $\triangleq$ 10 Hektar Anbaufläche).

	1960	1965	1970	1975	1980	1985	1990	1995
Anbaufläche in 1000 Hektar	3	3	4	6	11	25	54	185

5

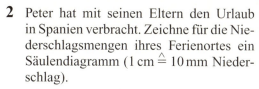

Personen pro Auto	1	2	3	4	5
Anzahl der Autos	45				

Tanja hat bei einer Verkehrszählung festgehalten, wie viele Personen in den einzelnen Autos befördert werden.
a) Übertrage die Häufigkeitstabelle in dein Heft und vervollständige sie. Zeichne anschließend das zugehörige Säulendiagramm (1 cm $\triangleq$ fünf Autos).
b) Führe in deinem Wohnort selbst eine derartige Verkehrszählung durch und stelle dein Ergebnis in einem Säulendiagramm dar.

Andere Völker – andere Zahldarstellungen

1

„Es dauerte ungefähr 20 Jahre, die Pyramide selbst zu erbauen." So berichtet der römische Geschichtsschreiber Herodot.
Während der Bauzeit musste das Volk mit Kleidung, Nahrung und Arbeitsgerät versorgt werden. Alles musste eingekauft werden. So haben die Ägypter bereits Zahlzeichen erfunden, mit denen sie bequem rechnen konnten. Es waren Bildzeichen.

❘	eine Kerbe auf dem Kerbholz	= 1		ein Schilfkolben	= 10 000
∩	das Joch des Zugochsen	= 10		ein Nilfrosch (Landplage)	= 100 000
℮	das Maßband des Landvermessers	= 100		ein Schutzgeist	= 1 000 000
	eine Lotosblüte	= 1000			

Die Schreiber konnten diese Zeichen sowohl von links nach rechts als auch umgekehrt schreiben. Sie konnten auch übereinander angeordnet werden.

2 Lies die folgenden Zahlen.

3 Lies die folgenden Angaben.
  a) Anzahl der Stiere   b) Anzahl der Ziegen   c) Anzahl der Gefangenen

4 Schreibe die folgenden Zahlen.
  a) 5   b) 30   c) 90   d) 200   e) 7000
     7   70   100   500   80 000

Andere Völker – andere Zahldarstellungen

Römische Jahreszahlen an Gebäuden erinnern an den Einfluss der Römer in Europa.

Die Römer hatten keine eigenen Zahlzeichen für ihre Zahlen, sie verwendeten einzelne Buchstaben ihres Alphabets.

	I	X	C	M
Grundzahlen	1	10	100	1000
	V	L	D	
Zwischenzahlen	5	50	500	

Die römischen Zahlen wurden nach festen Regeln gebildet:

1. Gleiche Ziffern nebeneinander werden addiert. Es dürfen höchstens drei Grundzahlen nebeneinander stehen. III = 3

2. Kleinere Ziffern rechts von größeren werden addiert, links von größeren subtrahiert. XI = 11 IX = 9

   Zwischenzahlen dürfen nicht subtrahiert werden. XLV = 45

3. Die Grundzahlen I, X, C dürfen nur von der nächsthöheren Zwischen- oder Grundzahl subtrahiert werden. CD = 400 CM = 900

1 Übersetze.
a) X   b) XXXVIII   c) XXII   d) CCXC   e) MMMDCLX
   IV   LXXXII   LII   MMMCCCXXIII   MDLXVI
   CC   XLI   CCCXX   MLI   MCCCLXXXVII
   LV   CXCV   CCXXXIII MCM   CCCXXXIII

2 a) MCDIV   b) MCMXCIX   c) MCDXC   d) MMCCIX   e) MDCLVI
   CDXXXIX   MMCDXL   XLIII   MMMCXLI   MMCCXCVI

3 Schreibe mit römischen Zahlenzeichen.
a) die Zahlen von 1 bis 20   b) die Zehnerzahlen von 10 bis 200
c) die Hunderterzahlen von 300 bis 600

4 Übertrage in römische Zahlzeichen.
a) 38   b) 550   c) 1900   d) 1971   e) 3333
   66   940   1956   1985   3888
   84   1111   1990   1996   3999

5 Schreibe deinen Geburtstag mit römischen Zahlzeichen.

22 Zehnerpotenzen

Die Stellenwerte im Zehnersystem (Dezimalsystem) lassen sich kürzer schreiben.

H	Z	E	H	Z	E	H	Z	E	H	Z	E	H	Z	E	
Billionen			Milliarden			Millionen			Tausender						
10^{14}	10^{13}	10^{12}	10^{11}	10^{10}	10^9	10^8	10^7	10^6	10^5	10^4	10^3	10^2	10^1	10^0	Lies
					2	0	0	0	4	0	7	0	0	0	$2 \cdot 10^9 + 4 \cdot 10^5 + 7 \cdot 10^3$
			3	0	0	4	6	0	0	0	0	0	0	0	$3 \cdot 10^{11} + 4 \cdot 10^8 + 6 \cdot 10^7$
	7	0	0	0	0	0	0	0	0	1	0	8	0	0	$7 \cdot 10^{13} + 1 \cdot 10^4 + 8 \cdot 10^2$

Beispiel:
$400 = 4 \cdot 10^2$

Die Zahlen $10^0, 10^1, 10^2, 10^3$ ... heißen Potenzen von 10 (Zehnerpotenzen)

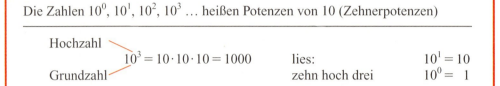

Hochzahl
$10^3 = 10 \cdot 10 \cdot 10 = 1000$ lies: $10^1 = 10$
Grundzahl   zehn hoch drei $10^0 = 1$

1 Gib mit Zehnerpotenzen an.
a) 10 20 30 50 90 100 200
b) 300 500 1000 3000 8 000 000
c) 200 000 5 000 000 900 000 000 000
d) 400 000 000 000 80 000 000 000 000

2 Gib mit Zehnerpotenzen an.
a) 11 110 101 1100 1010
b) 25 250 200 500 700 040 008 000
c) 130 2834 9206 8 030 500
d) 87 009 870 043 6 080 703 010 531
e) 706 000 466 000 500 84 000
f) 57 432 800 340 560 400 003 700

3 Schreibe ohne Zehnerpotenzen.
a) $1 \cdot 10^3 + 1 \cdot 10^0$
   $1 \cdot 10^{10} + 1 \cdot 10^0$
   $9 \cdot 10^8 + 8 \cdot 10^4$
b) $4 \cdot 10^2 + 3 \cdot 10^1$
   $9 \cdot 10^8 + 8 \cdot 10^4$
   $5 \cdot 10^9 + 9 \cdot 10^8 + 3 \cdot 10^7$
c) $4 \cdot 10^2 + 3 \cdot 10^1 + 8 \cdot 10^0$
   $3 \cdot 10^{11} + 6 \cdot 10^5 + 9 \cdot 10^2 + 2 \cdot 10^0$
   $1 \cdot 10^{12} + 4 \cdot 10^{11} + 5 \cdot 10^{10} + 6 \cdot 10^3$

4 Zu unserem Planetensystem gehören neun Planeten, die um die Sonne kreisen. Gib die Entfernungen ohne Zehnerpotenzen an.

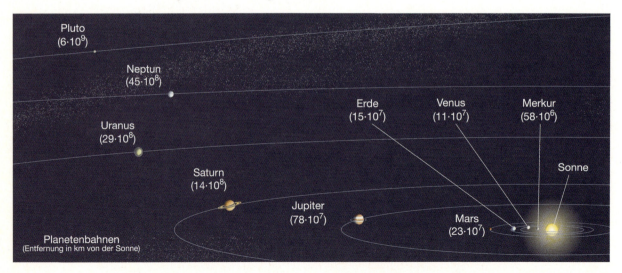

Pluto ($6 \cdot 10^9$), Neptun ($45 \cdot 10^8$), Uranus ($29 \cdot 10^8$), Saturn ($14 \cdot 10^8$), Jupiter ($78 \cdot 10^7$), Mars ($23 \cdot 10^7$), Erde ($15 \cdot 10^7$), Venus ($11 \cdot 10^7$), Merkur ($58 \cdot 10^6$)
Planetenbahnen (Entfernung in km von der Sonne)

Zweiersystem

1 Die Zahl 23 lässt sich wie im Bild auch durch eine Reihe von Glühlampen darstellen. Dabei sind alle Zahlen zu addieren, die unter einer leuchtenden Glühlampe stehen.
   a) Welche Zahlen werden durch die beiden unteren Lampenreihen dargestellt?
   b) Welche Lampen musst du anknipsen, wenn du die Zahl 26 darstellen willst?
   c) Nenne die größte Zahl, die du mit sechs Lampen darstellen kannst.

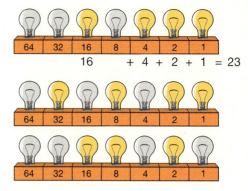

2 In der Tabelle bedeutet die Ziffer 1 „Lampe an", die Ziffer 0 „Lampe aus". Lege ebenfalls eine Tabelle für die Zahlen 6, 7, ..., 32 an.

	64	32	16	8	4	2	1
1							1
2						1	0
3						1	1
4					1	0	0
5					1	0	1

Die natürlichen Zahlen können auch mit nur zwei Ziffern (0 und 1) dargestellt werden. Dieses Stellenwertsystem heißt deshalb **Zweiersystem.**

2^6	2^5	2^4	2^3	2^2	2^1	2^0
64	32	16	8	4	2	1
				1	0	1
			1	0	0	0
				1	1	1

lies:
$101_{②}$ eins-null-eins im Zweiersystem
$1000_{②}$ eins-null-null-null
$111_{②}$ eins-eins-eins

---

3 Nenne den Nachfolger der angegebenen Zahl.
   a) $1000_{②}$ b) $10010_{②}$ c) $1100_{②}$ d) $1110_{②}$
   e) $1010_{②}$ f) $1001_{②}$ g) $10101_{②}$ h) $101011_{②}$
   i) $1000101_{②}$ k) $10000111_{②}$ l) $1001111_{②}$ m) $11111_{②}$

4 Schreibe die Zahlen im Zweiersystem.
   a) 33   36   39   b) 42   53   70
   c) 88   97   100   d) 109   121   123
   e) 71   65   63   f) 124   156   200

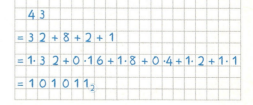

```
 4 3
= 3 2 + 8 + 2 + 1
= 1·32 + 0·16 + 1·8 + 0·4 + 1·2 + 1·1
= 1 0 1 0 1 1₂
```

Rechnen im Zweiersystem

1 Zähle und schreibe im Zweiersystem.
   a) von 1 bis 4   b) von 8 bis 16   c) von 40 bis 45   d) von 16 bis 32
       von 4 bis 8   von 16 bis 32   von 80 bis 90   von 120 bis 128

2 Übersetze mit Hilfe der Stellenwerttafel ins Zehnersystem.

Beispiel:

2^6	2^5	2^4	2^3	2^2	2^1	2^0
64	32	16	8	4	2	1
			1	0	1	1

$1011_{(2)} \rightarrow$ $\rightarrow 8 + 2 + 1 = 11$

a) $100_{(2)}$ $101_{(2)}$ $110_{(2)}$ b) $1001_{(2)}$ $1010_{(2)}$ $1100_{(2)}$
c) $10010_{(2)}$ $10101_{(2)}$ $11001_{(2)}$ d) $1000100_{(2)}$ $1010101_{(2)}$ $1111111_{(2)}$

3 Übersetze ins Zweiersystem.

Beispiel:

2^6	2^5	2^4	2^3	2^2	2^1	2^0
64	32	16	8	4	2	1
	1	0	0	1	0	1

$37 = 32 + 4 + 1 \rightarrow$ $\rightarrow 100101_{(2)}$

a) 4   8   16   32   b) 10   20   30   40   c) 33   36   39   42   d) 71   99   100   109

4 Schreibe im Zweiersystem ohne Tafel.
   a) 35   37   53   70   88   b) 97   11   125   127   c) 150   168   191   200
   d) 301   402   511   777

5 Welche natürlichen Zahlen sind hier dargestellt?
   a) $1 \cdot 2^4 + 1 \cdot 2^1$ b) $1 \cdot 2^9 + 1 \cdot 2^8$
   c) $1 \cdot 2^7 + 1 \cdot 2^6 + 1 \cdot 2^3 + 1 \cdot 2^0$ d) $1 \cdot 2^8 + 1 \cdot 2^6 + 1 \cdot 2^4 + 1 \cdot 2^2$

6 Zähle und schreibe im Zweiersystem.
   a) von 1 bis 4.   b) von 4 bis 8.   c) von 8 bis 16.
   d) von 16 bis 32.   e) von 40 bis 45.   f) von 80 bis 90.
   g) alle geraden Zahlen von 2 bis 30.   h) alle ungeraden Zahlen von 1 bis 29.

7 Wie heißt der Vorgänger a) der kleinsten zweistelligen, b) der kleinsten fünfstelligen, c) der größten dreistelligen, d) der größten siebenstelligen Zahl im Zweiersystem?

8 Wie heißt der Nachfolger a) der kleinsten dreistelligen, b) der kleinsten sechsstelligen, c) der größten vierstelligen, d) der größten siebenstelligen Zahl im Zweiersystem?

9 Wie viele Zahlen im Zweiersystem sind   a) 2-stellig   b) 3-stellig   c) 4-stellig?

10 Wie viele Zahlen liegen zwischen
   a) $10_{(2)}$ und $100_{(2)}$ b) $11_{(2)}$ und $111_{(2)}$ c) $100_{(2)}$ und $1000_{(2)}$
   d) $111_{(2)}$ und $1111_{(2)}$ e) $1000_{(2)}$ und $10000_{(2)}$ f) $1111_{(2)}$ und $11111_{(2)}$

11 Welche Zahl im Zweiersystem ist doppelt (viermal) so groß wie
   a) $10_{(2)}$ b) $100_{(2)}$ c) $11_{(2)}$ d) $111_{(2)}$ e) $1000_{(2)}$ f) $1111_{(2)}$

Kopfrechentraining

Du musst
mit dem Teilergebnis
weiterrechnen.

67
67 + 6 = 73
73 − 3 = 70
70 − 7 = 63
63 + 9 = 72
72 − 6 = 66
66 + 8 = 74
74 − 5 = 69
69 + 4 = 73

1
47
+6
+5
+7
−6
−9
+8
−7
+4

2
57
−9
+8
−4
+7
+9
−3
−6
+8

3
64
+9
−7
−6
+5
+8
−4
+9
+3

4
54
−6
:6
·7
+15
−9
−8
:6
·9

5
55
+9
+8
:9
·4
:2
−9
·7
−7

6
45
−6
+7
+9
−7
:2
−9
−9
·9

7
35
:7
·9
+8
+9
−8
:6
·4
+7

8
52
−8
−9
−8
:3
·5
−8
−9
:7

9
8
·7
+4
:3
+9
+8
+4
−8
:3

10
82
:2
−8
−8
+6
−9
:2
+9
·4

11
56
:7
·4
−8
+6
+9
+8
+7
:9

12
9
·6
+9
+9
:8
·5
−8
−9
:4

13
65
−6
+9
+4
:8
·7
−6
−8
:7

2 Addieren und Subtrahieren

1 Die Klasse 5a macht eine Klassenfahrt nach Goslar. Frau Krußmann hat die Kosten für jedes Kind aufgeschrieben.

Übernachtungen – 42,50 EUR
Busfahrt (hin und zurück) – 11,70 EUR
Eintrittsgelder – 3,60 EUR
Seilbahn – 2,– EUR
Öffentliche Verkehrsmittel – 7,20 EUR
Stadtführung – 3,50 EUR

a) Wie viel EUR sammelt Frau Krußmann für jedes Kind ein?
b) Ein geplanter Museumsbesuch (Eintrittspreis 1,50 EUR) fiel aus.
Wie viel EUR muss jedes Kind tatsächlich bezahlen?

2 Für die bevorstehende Klassenfahrt wollen die Schülerinnen und Schüler mit ihrer Klassenlehrerin ausrechnen, wie viel Geld jeder einzahlen muss. Die Bahnfahrt kostet 12,50 EUR, die Jugendherberge 40 EUR. Für Besichtigungen werden 7 EUR und für „Sonstiges" 5 EUR pro Schüler eingeplant.
a) Wie teuer wird die Klassenfahrt für jeden einzelnen?
b) Die Klasse einigt sich, dass niemand mehr als 15 EUR Taschengeld mitnimmt.
Wie hoch ist dann der Gesamtbetrag?

Summe

$$54 \ + \ 42 \ = \ 96$$
Summand Summand   Summe
Auch 54 + 42 bezeichnet man als Summe der Zahlen 54 und 42.

3 a) Die Summanden heißen 158 und 86. Berechne die Summe.
b) Addiere zur Zahl 425 die Zahl 83.
c) Addiere zur Zahl 186 die Summe der Zahlen 78 und 123.
d) Addiere die Zahl 489 zu der Summe von 432 und 654.
e) Addiere zur kleinsten zweistelligen Zahl die größte dreistellige Zahl.

4 a) Der erste Summand ist 214, die Summe 430. Berechne den zweiten Summanden.
b) Die Summe dreier Zahlen ist 320. Der erste Summand heißt 140 und der dritte 65.
c) Der erste Summand ist 580, der zweite Summand ist um 120 größer. Berechne die Summe.
d) Die Summe aus drei Summanden hat den Wert 1000. Der erste Summand ist 120, der dritte Summand ist 750. Wie heißt der zweite Summand?

5 Der erste Summand ist 178. Der zweite Summand ist um 31 größer als der erste Summand, der dritte Summand ist um 49 kleiner als der erste Summand.
a) Wie groß ist der zweite Summand?
b) Wie groß ist der dritte Summand?
c) Wie groß ist die Summe?

Subtrahieren

6 Frau Hesse fährt zum Planetarium nach Bochum.
 a) Wie viele Kilometer ist Frau Hesse gefahren?
 b) Sie tankt für 39,80 EUR und bezahlt mit einem 50-EUR-Schein. Wie viel EUR bekommt sie zurück?

Tag	Fahrstrecke	km-Stand (abends)	Liter
3.9.	Stadtfahrten	78303	27,54
5.9.	Stadthagen-Hannover-Stadthagen	78399	43,85
6.9.	Stadthagen-Bochum-Stadthagen	78941	39,63

Differenz

> 96 − 37 = 59
> **Minuend Subtrahend Differenz**
> Auch 96 − 37 bezeichnet man als Differenz der Zahlen 96 und 37.

7 a) Welche Zahl muss man von 360 subtrahieren, um die Differenz 115 zu erhalten?
 b) Wie heißt die Differenz der Zahlen 447 und 218?
 c) Von welcher Zahl muss man 155 subtrahieren, um die Differenz 510 zu erhalten?

8 a) Subtrahiere von der Zahl 290 die Zahl 146.
 b) Subtrahiere von der Zahl 900 die Zahlen 340 und 265.
 c) Subtrahiere von der Zahl 95 die Zahl 28 und die Summe der Zahlen 39 und 28.
 d) Subtrahiere die Zahl 341 von der Differenz aus 834 und 433.
 e) Subtrahiere von der Summe der Zahlen 456 und 279 die Differenz der Zahlen 342 und 279.

9 Ergänze die fehlenden Angaben.

	a)	b)	c)	d)	e)
Summand	93		75	215	
Summand	69	121		118	389
Summe		287	193		685

	f)	g)	h)	i)	k)
Minuend	300	220		136	
Subtrahend	111		17	84	72
Differenz		95	78		218

L 52, 95, 118, 125, 162, 166, 189, 290, 296, 333

10 Bestimme den Platzhalter und kontrolliere das Ergebnis.
 a) 95 + ■ = 140 b) ■ + 76 = 188 c) 250 + ■ = 590 d) ■ + 1200 = 2100
   140 − ■ = 95   188 − ■ = 76   590 − ■ = 250   2100 − ■ = 1200

> Addition und Subtraktion sind Umkehrungen voneinander.
> 35 + 42 = 77   77 − 35 = 42
>   77 − 42 = 35

11 a) ■ + 56 = 199   b) ■ − 125 = 275   c) 159 − ■ = 88   d) 1185 − ■ = 886
    ■ − 38 = 83   170 + ■ = 334   ■ − 102 = 574   6700 − ■ = 3410
    77 + ■ = 141   680 − ■ = 532   148 + ■ = 267   ■ + 255 = 1665
    ■ − 62 = 58   245 + ■ = 777   1450 − ■ = 225   ■ + 4650 = 29750

Addition und Subtraktion

1 Bei richtiger Lösung erhältst du jeweils ein Lösungswort.

a) 62 + 36	b) 29 + 58	c) 44 + 53	d) 44 + 76	e) 60 + 27 + 43
17 + 54	35 + 65	71 + 96	67 + 33	34 + 34 + 27
49 + 48	31 + 74	63 + 48	56 + 55	37 + 27 + 48
33 + 38	82 + 48	43 + 57	18 + 77	41 + 42 + 22
27 + 68	63 + 57	52 + 68	38 + 76	22 + 33 + 45

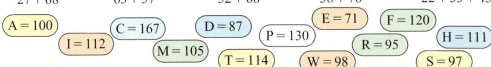

A = 100, C = 167, D = 87, E = 71, F = 120, I = 112, P = 130, R = 95, H = 111, M = 105, T = 114, W = 98, S = 97

```
99 + 74
= 100 + 74 − 1
= 174 − 1
= 173
```

2 Rechne geschickt.

a) 99 + 26	b) 101 + 187	c) 199 + 216	d) 236 + 299	e) 999 + 238
99 + 53	36 + 98	38 + 102	27 + 198	998 + 646
18 + 99	99 + 443	101 + 458	402 + 667	153 + 399

3 Berechne.

a) 85 − 21	b) 74 − 47	c) 52 − 17	d) 112 − 46	e) 360 − 96
64 − 33	95 − 68	49 − 32	231 − 38	240 − 89
93 − 51	63 − 44	61 − 28	466 − 75	720 − 62
79 − 46	81 − 58	94 − 65	718 − 68	863 − 57
87 − 32	92 − 76	95 − 36	155 − 73	960 − 412

L 16, 17, 19, 23, 27, 27, 29, 31, 33, 33, 35, 42, 55, 59, 64, 66, 82, 151, 193, 264, 391, 548, 650, 658, 806

4 Ergänze zum nächsten Hunderter. Beispiel: 3250 + 50 = 3300
a) 154   212   541   1245   b) 3366   5147   618   7709
c) 901   4063   26148   7767   d) 14806   20480   585439   64318

5 Ergänze zum nächsten Tausender.
a)   2550   3810   1099   40628   b) 13220   65793   263502   18069
c) 165320   725950   337882   901174   d) 123456   987654   240608   103579

6 Rechne geschickt.

a) 150 − 99	b) 374 − 101	c) 461 − 199	d) 714 − 201	e) 1540 − 999
387 − 99	529 − 102	783 − 299	459 − 399	4687 − 999
236 − 98	853 − 302	934 − 298	573 − 402	8550 − 1998

7 Verbinde durch + und −.

a) 50 ▪ 130 ▪ 90 ▪ 10 = 100
   85 ▪ 40 ▪ 25 ▪ 60 ▪ 30 = 100
   63 ▪ 37 ▪ 24 ▪ 62 ▪ 12 = 100
   85 ▪ 17 ▪ 23 ▪ 64 ▪ 39 = 100

b) 31 ▪ 104 ▪ 67 ▪ 36 ▪ 4 = 100
   350 ▪ 180 ▪ 360 ▪ 15 ▪ 92 ▪ 7 = 100
   280 ▪ 210 ▪ 170 ▪ 36 ▪ 50 ▪ 54 = 100
   122 ▪ 233 ▪ 332 ▪ 78 ▪ 19 ▪ 20 = 100

8 Schreibe die Tabelle ab und fülle sie aus.

a)
+	67	100	153	211
67				
100				
153				
211				

b)
−	39	24	42	53
78				
55				
94				
82				

c)
−	6		13	
30				
54		42		
			70	
			93	100

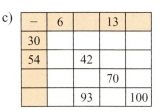

Vermischte Übungen

1 Welcher Weg führt zum Ziel?
a) $100 - 90 + 20 - 10 + 30 - 10 + 20 - 50 + 10 =$
b) $80 + 20 - 70 + 50 - 20 + 40 - 50 + 10 =$
c) $50 + 50 - 30 + 20 - 10 - 30 + 20 + 30 =$
d) $70 + 10 - 30 + 40 - 10 - 20 + 30 + 10 =$
e) $90 - 20 + 10 - 60 + 40 - 10 + 30 - 10 + 40 =$

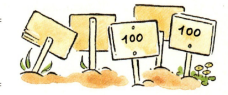

2 a) Lass die Schlange die Zahl 16 (38, 49) schlucken und notiere nur das Ergebnis.

b) Füttere die Schlange mit der Zahl 150 (185, 258). Gib das Ergebnis an.

3 Bei richtiger Lösung erhältst du ein Lösungswort.

a)
$91 + 64$
$89 + 99$
$144 + 64$
$83 + 92$
$143 + 45$
$118 + 107$
$21 + 142$
$115 + 73$
$106 + 89$
$79 + 138$

b)
$132 + 43$
$102 + 116$
$79 + 98$
$85 + 92$
$69 + 119$
$64 + 161$
$24 + 197$
$49 + 87$
$159 + 36$
$122 + 42$

136	O
155	H
163	B
164	F
175	D
177	S
188	E
195	R
208	I
217	G
218	Ü
221	D
225	L

4 Löse die Aufgaben und folge dem Pfeil mit der richtigen Antwort zur nächsten Aufgabe. Die Buchstaben an den Pfeilen mit den richtigen Antworten ergeben zwei Begriffe.

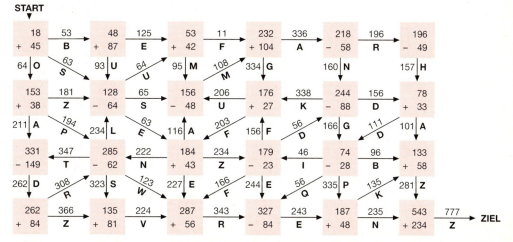

Vermischte Übungen

5 Schreibe die Subtraktionstabellen ab und vervollständige sie.

a)
–	5		8	14
20		9		
34				
		10		
				40

b)
–					
			7		
			29		
36	26	15	27	19
			56		

c)
–		60		
145	120			
			40	
		195		177
715				626

6 Wahr oder falsch?

```
3 8 + 2 9 = 3 4 + 3 3
    6 7  =  6 7         wahr

2 5 + 1 9 < 2 9 + 1 4
    4 4  <  4 3         falsch
```

a) 16 + 36 = 42 + 10
    8 + 21 < 17 + 9
    53 + 35 > 62 + 26

b) 130 + 80 < 115 + 100
    55 + 195 = 107 + 143
    340 + 71 > 210 + 210

c) 13 + 41 + 26 < 51 + 7 + 13
    33 + 9 + 68 > 68 + 8 + 32
    11 + 22 + 33 = 21 + 22 + 23

7 Wahr oder falsch?

a) 34 – 8 < 50 – 25
    70 – 10 > 80 – 21
    62 – 9 = 70 – 17
    88 – 55 < 64 – 34

b) 60 – 31 < 52 – 20
    94 – 22 = 83 – 11
    48 – 16 > 73 – 41
    75 – 39 = 91 – 56

c) 40 – 20 – 10 = 60 – 30 – 20
    75 – 25 – 15 > 84 – 14 – 50
    98 – 65 – 13 < 57 – 24 – 12
    88 – 33 – 11 = 99 – 22 – 33

8 Wahr oder falsch?

a) 3 + 4 < 10 – 2
    25 – 15 = 5 + 6
    160 – 100 = 10 + 20 + 30
    41 + 114 > 89 + 95 – 23

b) 39 + 11 > 80 – 22
    51 – 36 < 15 + 5 + 15
    46 + 39 = 115 – 30
    72 – 29 < 64 – 46 + 24

c) 100 – 25 – 35 = 16 + 26
    100 + 300 + 400 > 400 – 300 – 100
    15 000 – 9000 = 9000 – 3000
    3500 + 4500 < 23 000 – 14 000

9 Berechne die freien Felder der Rechensterne im Kopf.

a)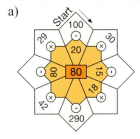
b)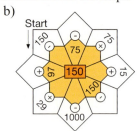
c)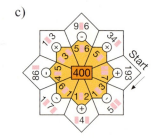

10 Bestimme die fehlenden Ziffern.

a)
```
   ■ 8 8 ■
 –   9 ■ 9
   7 ■ 8 9
```

b)
```
   3 ■ 7 0 0
           3 ■
 + 1 ■ 0 1 5
   3 5 0 3 ■ 5
```

c)
```
   4 6 ■ 2 4 ■
 –   3 7 ■ 0 0
 – 2 ■ 4 0 ■ 0
   2 2 1 7 5 8
```

Benutze für die Sternchen die angegebenen Ziffern. Jede Ziffer darf nur einmal eingesetzt werden.

a) 5, 6, 7, 8, 9
```
     *  *
 +   *  *
   1 6  *
```

b) 1, 2, 3, 4, 5, 6, 7, 8, 9
```
     *  *  *              *  *
 +   *  *                 *  *
   1  6  3          +     *  *
                        1  4  3
```

Zaubereien mit Zahlen

1 Dieses Zahlenquadrat ist ein magisches Quadrat (Zauberquadrat).
Berechne die Summe jeder einzelnen Zeile, Spalte und Diagonalen. Diese Zahl ist die magische Zahl des Zauberquadrates.

3	10	8
12	7	2
6	4	11

2 Übertrage die Zauberquadrate in deinem Heft und ergänze die fehlenden Zahlen.

8		3
	6	
9		

14		5	4
	8		
12	13	3	6
		16	

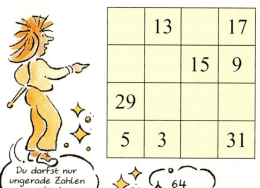

Du darfst nur ungerade Zahlen von 1 bis 31 benutzen.

64

3 Welche Zahlen fehlen?

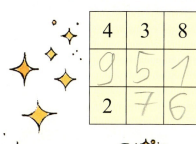

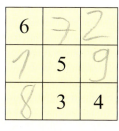

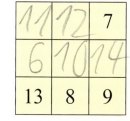

4 Es gibt auch ein magisches Sechseck mit den Zahlen 1 bis 19!
Jede der Reihen hat als Summe die Zahl 38.

5 Fertige dir Ziffernkärtchen mit den Zahlen 1 bis 9 (1 bis 16; 1 bis 25) an und versuche, damit ein neues Zauberquadrat zu legen.

Rechnen mit Klammern

1 Carolin und Niko lösen zwei Subtraktionsaufgaben.
Warum erhalten sie unterschiedliche Ergebnisse, obwohl doch die Zahlen gleich sind?

$75 - (18 - 8)$ $75 - 18 - 8$
$= 75 - 10$ $= 57 - 8$
$= 65$ $= 49$

> Die Klammer wird zuerst berechnet.
> Sind keine Klammern vorhanden, so rechnet man schrittweise von links nach rechts.

2 Berechne.
a) $(33 + 47) - 28$
$(81 - 54) + 73$
$210 + 75 - 112$
$64 - 27 + 49$

b) $100 - (19 + 65)$
$95 + (64 - 38)$
$176 - 69 - 44$
$77 + 52 - 45$

c) $127 + (99 - 68)$
$(136 - 52) + 27$
$258 + 99 - 71$
$143 - 69 + 126$

L 16, 52, 63, 84, 86, 100, 111, 121, 158, 173, 200, 286

3 Berechne.
a) $16 + 41 - 15$
$65 - (16 + 29)$
$81 - 20 - 36$
$49 - (76 - 31)$

b) $43 + (51 - 16)$
$27 + 72 - 15$
$80 - (14 + 29)$
$36 + 99 - 41$

c) $94 - 15 + 36$
$75 - (18 - 8)$
$88 + 64 - 32$
$(126 - 35) - 12$

d) $248 - 138 + 179$
$184 - (128 - 64)$
$215 + 107 - 317$
$43 + 26 - (69 - 43)$

L 4, 5, 20, 25, 37, 42, 43, 65, 78, 79, 84, 94, 115, 120, 120, 289

$43 + (31 - 19)$
$+ 26$
$= 43 + 12 + 26$
$= 81$

4 Berechne.
a) $18 + (54 - 13 + 21)$
$46 + (24 + 78) - 62$
$(72 - 15 + 32) - 51$
$(25 + 46) - (81 - 69)$

b) $43 + (51 - 16) + 78$
$(27 + 72) - 15 + 23$
$80 - (14 + 29) - 17$
$36 + (99 - 41) - 26$

c) $94 - (11 + 15 + 34)$
$(82 - 16 - 26) + 75$
$25 + (89 - 64) + 53$
$(47 + 28) - 39 + 92$

d) $87 - (12 + 26) - 32$
$53 + 22 - (41 + 14)$
$75 - (33 + 28) + 77$
$23 + 54 - 55 + 18$

L 17, 20, 20, 34, 38, 40, 59, 68, 80, 86, 91, 103, 107, 115, 128, 156

5 Bei einigen Rechnungen fehlen die Klammern.
a) $24 + 31 - 14 = 41$
$55 - 25 - 18 = 12$
$80 + 30 - 20 = 90$

b) $45 - 25 - 8 = 12$
$64 - 34 - 20 = 50$
$73 - 23 + 13 = 63$

c) $73 - 18 + 35 = 90$
$67 - 43 - 24 = 48$
$80 - 35 - 45 = 0$

Eine Schnecke klettert einen 10 m hohen Pfahl hinauf. In der Nacht schafft sie zwei Meter, am Tage rutscht sie um einen Meter hinunter. In der wievielten Nacht ist sie oben?

Rechengesetze

1 a) Beschreibe beide Rechenwege und vergleiche sie.
b) Welchen Rechenweg würdest du auswählen? Begründe deine Antwort.
c) Schreibe beide Aufgaben mit Klammern.

```
46 + 48 + 54      46 + 48 + 54
= 94 + 54        = 48 + 46 + 54
= 148            = 48 + 100
                 = 148
```

2 Berechne und vergleiche.
a) 18 + (14 + 41)   b) (37 + 16) + 22   c) 164 + (73 + 85)   d) (246 + 135) + 77
   (18 + 14) + 41   37 + (16 + 22)   (164 + 73) + 85   246 + (135 + 77)

Verbindungsgesetz (Assoziativgesetz)

> Bei der Addition darf man beliebig Klammern setzen. Das Ergebnis ändert sich dabei nicht.
>
> $$(45 + 35) + 20 = 45 + (35 + 20)$$
> $$80 + 20 = 45 + 55$$
> $$100 = 100$$

Vertauschungsgesetz (Kommutativgesetz)

> Bei der Addition darf man die Reihenfolge der Summanden beliebig vertauschen. Das Ergebnis verändert sich dabei nicht.
>
> $$34 + 58 = 58 + 34$$

3 Gilt das Verbindungsgesetz auch für die Subtraktion? Überprüfe.
a) (98 − 48) − 39   b) (71 − 49) − 15   c) 233 − (147 − 85)   d) (164 − 135) − 17
   98 − (48 − 39)   71 − (49 − 15)   (233 − 147) − 85   164 − (135 − 17)

4 Mit Hilfe der beiden Rechengesetze können Additionsaufgaben oftmals vereinfacht werden. Günstig ist es dabei, Zehner- oder Hunderterzahlen zu erhalten.
Setze die Klammern so, dass du vorteilhaft rechnen kannst.

a) 79 + 21 + 67   b) 46 + 54 + 43   c) 38 + 62 + 25 + 48   d) 123 + 177 + 93 + 69
   74 + 18 + 82   26 + 74 + 68   60 + 47 + 53 + 70   39 + 64 + 111 + 89
   26 + 74 + 33   66 + 23 + 77   48 + 82 + 18 + 72   335 + 45 + 155 + 85
   48 + 77 + 103   24 + 183 + 17   48 + 49 + 51 + 84   231 + 469 + 127 + 88

5 Vertausche die Zahlen und setze die Klammern so, dass du vorteilhaft rechnen kannst.

a) 46 + 73 + 64   b) 47 + 35 + 33 + 65   c) 63 + 23 + 57 + 27
   32 + 84 + 68   56 + 12 + 28 + 14   88 + 32 + 12 + 68
   51 + 111 + 39   19 + 87 + 13 + 71   78 + 96 + 62 + 14
   93 + 123 + 77   35 + 44 + 25 + 66   99 + 88 + 12 + 11

L 110, 170, 170, 180, 183, 184, 190, 200, 201, 210, 250, 293

6 Berechne.
a) (140 − 25) + (18 − 11)   b) (83 − 26) + 71 − (11 + 22)   c) 322 − (674 − 634)
   (36 + 41) − (150 − 120)   (226 + 51) − (61 + 105) − 51   188 − (134 − 56) − (78 − 55)
   (17 + 98) − (75 − 68)   496 + (180 − 76) − 350   (384 + 208) − (785 − 638)
   (111 − 30) − (256 − 196)   (41 + 83) − (100 − 56) + (13 + 55)   (394 + 187) − (271 − 170)

L 21, 47, 60, 87, 95, 108, 122, 148, 250, 282, 445, 480

Rechengesetze

7 Addiere zur Zahl 128 die Differenz der Zahlen 275 und 142.

```
 128+(275-142)
=128+133
=261
```

Schreibe mit Klammern und berechne.
a) Addiere die Differenz der Zahlen 87 und 78 zur Zahl 91.
b) Subtrahiere von der Zahl 52 die Summe der Zahlen 13 und 23.
c) Addiere zur Differenz der Zahlen 17 und 4 die Zahl 66.
d) Subtrahiere von der Summe der Zahlen 50 und 30 die Differenz dieser beiden Zahlen.

8 a) Subtrahiere von der Zahl 79 die Zahl 37 und die Summe der Zahlen 25 und 17.
b) Addiere zur Zahl 489 die Differenz der Zahlen 654 und 432.
c) Addiere zur Summe der Zahlen 146 und 151 die Differenz der Zahlen 999 und 333.
d) Addiere zur Differenz der Zahlen 342 und 197 die Summe der Zahlen 456 und 279.
e) Subtrahiere von der Summe der Zahlen 456 und 279 die Differenz der Zahlen 342 und 197.

L von Nr. 7 und 8: 0, 16, 60, 79, 100, 711, 590, 880, 963

9 Schreibe die Tabelle ab und fülle aus.

a	b	c	a+b+c	a−b	(a+b)−c	(a−c)+b	a−(b+c)
75	46	29					
89	52	16					
158	95	36					
186	63	114					
200	55	133					

L 0, 9, 12, 21, 27, 29, 37, 63, 92, 92, 122, 122, 123, 125, 125, 135, 135, 145, 150, 157, 217, 217, 289, 363, 388

10 Wahr (w) oder falsch (f)?
a) (9 + 11) − 5 = 25 − (4 + 6) b) (81 − 16) − 21 > 81 − (21 − 16)
   13 + (18 − 6) > (12 − 3) + 17   (79 + 52) − 33 = 129 − (90 − 59)
   (50 − 25) − 19 < 50 − (25 − 19)   250 − (125 + 75) = (120 − 95) + 25

11 Bestimme die fehlenden Zahlen.
a) (19 + ■) + 28 = 80   b) (13 + ■) + 120 = 160   c) 162 + (117 − ■) = 231
   (■ + 31) − 15 = 30   106 + (■ + 24) = 141   (■ − 128) + 146 = 302
   77 + (10 − ■) = 86   (115 − ■) + 12 = 122   ■ − (121 + 132) = 555
   42 − (■ − 22) = 34   (■ − 30) + 50 = 190   (386 − ■) − 138 = 1

L 1, 5, 11, 14, 27, 30, 33, 48, 170, 247, 284, 808

12 Ordne die Ergebnisse der Größe nach. Du erhältst ein Lösungswort.

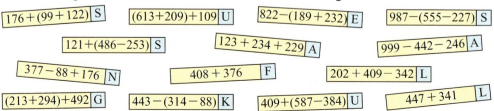

Schriftliches Addieren

> Du musst die Zahlen genau untereinander schreiben.

```
  35142        Überschlag:            84853
+ 43627         35000                +52094
  ─────        +44000                +  9276
  78769         ─────                 ─────
                79000                146223
```

1 a) 16281 + 3705 b) 231456 + 5986 c) 72863 + 516025 d) 1437528 + 6584697 e) 3875400 + 36809 f) 273427 + 16070830

2 a) 421 + 336 + 92 b) 666 + 777 + 888 c) 123 + 456 + 789 d) 445 + 454 + 544 e) 1465 + 149 + 25380 f) 287636 + 4271 + 600850

3 a) 347 + 2706 + 89 + 452 b) 1673 + 962 + 4056 + 21 c) 63527 + 5493 + 729058 + 44623 d) 4728635 + 10564 + 6253792 + 492855 e) 196583 + 1715 + 3425299 + 67322 f) 28 + 4056 + 21301 + 4606606

L von Nr. 2 und 3: 849, 1368, 1443, 2331, 3594, 6712, 26994, 842701, 892757, 3690919, 4631991, 11485846

> Denke an die Überschlagsrechnung!

4 a) 294172 + 172548 + 31613 + 576535 + 84129 b) 38725 + 227083 + 2371 + 105438 + 63496 c) 2427638 + 1931529 + 877633 + 4142891 + 37256 d) 3427689 + 31567 + 560738 + 1789989 + 6421 e) 3426 + 808306 + 25721 + 7194338 + 927 f) 431676523 + 6983007 + 5222 + 847119 + 67483551

5 a) 736 + 4528 + 12853 + 444122 + 1683519 + 5029481 + 3675 + 107846 b) 19428663 + 32657814 + 1006526 + 525337 + 61067 + 4854 + 295 + 78 c) 326485 + 1673 + 12021388 + 8796169 + 43721 + 991551 + 36 + 40701614 d) 111111 + 222222 + 333333 + 444444 + 555555 + 666666 + 777777 + 888888

L von Nr. 4 und 5: 437113, 1158997, 3999996, 5816404, 7286760, 8032718, 9416947, 53684634, 62882637, 506995422

6 Schreibe untereinander und addiere schriftlich. Du erhältst auffallende Ergebnisse. Vergleiche mit dem Partner.

a) 86 + 247
   4538 + 209
   7695 + 14827

b) 336 + 108
   587 + 6483
   36446 + 9208

c) 281 + 496
   8912 + 2421
   478 + 47570

d) 758 + 903
   3859 + 596
   22597 + 96522

36 Schriftliches Addieren

7 a) 36 + 79 + 416
519 + 4623 + 283
7621 + 25486 + 617

b) 121 + 48 + 687
6783 + 941 + 5672
51896 + 4175 + 16690

c) 236 + 623 + 326
8913 + 4566 + 1998
25106 + 36107 + 47108

8 a) 2546 + 822 + 1795 + 65294
439084 + 91404 + 5430 + 178079
123476 + 5283637 + 4823600 + 527

b) 50728 + 264 + 7198 + 25 + 679
78 + 4626 + 193531 + 16411527
43670 + 466723 + 189 + 340691

9 a) | 567 | 4239 | 6048 | 973 | + | 374 | 6529 |

b) | 26435 | 78192 | 4354 | + | 9536 | 34228 |

c) | 7682 | 886 | 3451 | 2673 | + | 4829 | 957 |

d) | 9862 | 43558 | 227619 | + | 56941 | 496295 |

L 941, 1347, 1843, 3630, 4408, 4613, 5715, 6422, 7096, 7502, 7502, 7502, 8280, 8639, 10768, 12511, 12577, 13890, 35971, 38582, 60663, 66803, 87728, 100499, 112420, 506157, 539853, 723914

10

Bei wie vielen Fahrrädern waren Licht und Bremsen in Ordnung?

11 Bei richtiger Lösung erhältst du für jede Aufgabe den Namen eines Tieres.
a) 354 + 288 + 1324
786 + 136 + 534
975 + 1943 + 64
1653 + 77 + 1666

b) 424 + 969 + 573
2281 + 54 + 423
85 + 285 + 1596
351 + 2225 + 537

c) 864 + 419 + 683
913 + 525 + 18
853 + 621 + 492
1184 + 723 + 1206

d) 963 + 951 + 52
63 + 67 + 1326
1161 + 1162 + 1193
654 + 764 + 1564
854 + 2209 + 96

e) 959 + 399 + 2205
601 + 1634 + 1161
854 + 742 + 370

f) 1443 + 334 + 1715
611 + 1665 + 482
729 + 952 + 285

g) 987 + 765 + 1006
187 + 1452 + 327
998 + 594 + 1166

268 + 184 + 2944
2218 + 1191 + 154

| 1456 = A | 1966 = H | 2982 = S | 3492 = K | 3113 = N |
| 3396 = E | 3563 = R | 3159 = T | 3516 = M | 2758 = U |

12 In Deutschland verbraucht jede Person täglich folgende Wassermengen:

Kochen und Trinken	4 l	Putzen und Sonstiges	13 l
Baden und Duschen	35 l	Waschen/Zähneputzen	12 l
Toilettenspülung	42 l	Wäsche waschen	23 l
Autopflege und Garten	10 l	Geschirrspülen	12 l

a) Berechne den Wasserverbrauch einer Person pro Tag.
b) Bestimme mit Hilfe der Wasseruhr den Wasserverbrauch bei dir zu Hause an drei verschiedenen Wochentagen (Montag, Donnerstag, Samstag).

Schriftliches Subtrahieren

```
         Überschlag:
  39643    40000        52514
-  7826  -  8000       - 3973
   1 1                 - 1165
  31817    32000        1121
                        47376
```

1 a) 825 − 647 b) 3512 − 2896 c) 121212 − 97683 d) 4987 − 2443 e) 681725 − 350424 f) 567324 − 345210

Denke an die Überschlagsrechnung!

2 a) 277 − 23 − 42 b) 586 − 211 − 145 c) 809 − 513 − 208 d) 678 − 156 − 12 e) 4976 − 513 − 3485 f) 7572 − 893 − 26

L von Nr. 1 und 2: 88, 178, 212, 230, 510, 616, 978, 2544, 6653, 23529, 331301, 222114

3 a) 89456 − 7894 − 3456 b) 45894 − 24736 − 5197 c) 78456 − 789 − 2189 d) 276305 − 189458 − 58946 e) 569845 − 178948 − 3789 f) 22466381 − 304690 − 62709

4 a) 2844 − 237 − 458 − 1239 b) 5689 − 1289 − 784 − 2943 c) 67894 − 456 − 42145 − 1289 d) 189456 − 93476 − 6897 − 64376 e) 439084 − 72436 − 103887 − 25521 f) 63789621 − 64480 − 1627153 − 98075

L von Nr. 3 und 4: 673, 910, 15961, 24004, 24707, 27901, 75478, 78106, 237240, 387108, 22098982, 61999913

5 a) 15821636 − 8235722 − 909417 b) 35496875 − 18725132 − 11664499 c) 578261324 − 204684792 − 1327981 d) 3426301658 − 907854725 − 1864377981

6 a) 3914 − 756 − 58 − 219 − 1345 − 436 b) 7894 − 3489 − 2375 − 634 − 117 − 1278 c) 88703 − 10102 − 567 − 5803 − 24400 − 978 d) 578261 − 193007 − 4584 − 37279 − 68426 − 2543 e) 8000000 − 888888 − 88888 − 8888 − 888 − 88 f) 36425793 − 188476 − 1682 − 6439054 − 229 − 781361

L von Nr. 5 und 6: 1, 1100, 46853, 272422, 5107244, 6676497, 7012360, 29014991, 372248551, 654068952

7 a) 1431627 − 588405 − 112096 − 98513 − 102844 − 22615 b) 513728 − 41480 − 116500 − 66138 − 34012 − 115999

Jetzt hast du es geschafft!

Sachaufgaben

1 Eine Schule hat in den fünften Klassen 22, 23, 21, 24 und 23 Schüler. Vor der Wahl der Arbeitsgemeinschaften soll jeder Schüler ein Informationsblatt erhalten. Wie viele Blätter müssen gedruckt werden, wenn zusätzlich 15 Exemplare als Reserve dienen?

2 Frau Kowalik und Herr Luthe bewerben sich um das Amt des Vertrauenslehrers. Bei den Wahlen ergeben sich aus der ersten Wahlurne 115 Stimmen für Frau Kowalik und 123 Stimmen für Herrn Luthe. Die zweite Wahlurne enthält 97 Stimmen für Herrn Luthe und 131 Stimmen für Frau Kowalik. Wer hat die Wahl gewonnen?

3 Familie Wolter leiht sich für ihren Umzug einen Kleintransporter. Am ersten Tag werden 125 km zurückgelegt, am zweiten 97 km. Für wie viele Kilometer muss bei der Ausleihfirma abgerechnet werden?

4 Lauras Schulweg beträgt 1200 m. Welche Strecke hat sie zurückgelegt, wenn sie in der Schule ankommt?

5 Hendrik hat in seinem Portemonnaie eine 2-EUR-Münze, zwei 1-EUR-Münzen und sechs 10-Cent-Stücke. Kann er sich dafür drei Leerkassetten zu je 1,60 EUR kaufen?

6 Familie Wenzek möchte um ihren Garten einen neuen Zaun ziehen.
Wie viel Meter Maschendraht müssen sie kaufen? Auf einer der beiden kurzen Seiten soll der alte Zaun noch stehenbleiben.

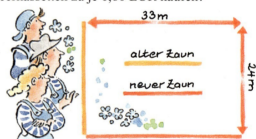

7 Die gesamte Miete eines Hauses beträgt 2560 EUR. Für das Erdgeschoss werden 510 EUR, für den ersten Stock 750 EUR und den zweiten Stock 620 EUR gezahlt. Wie viel Miete wird für den dritten Stock gezahlt?

8 Familie Schade kauft in einem Möbelhaus einen Schrank zum Sonderpreis von 2555 EUR. Der ursprüngliche Preis betrug 3470 EUR. Wie viel EUR konnte Familie Schade sparen?

9 In einer Stadt stehen sechs Häuser dicht nebeneinander. Das erste ist 14 m lang, das zweite 7 m länger, das dritte 2 m kürzer als das zweite, das vierte ist 19 m lang, das fünfte 4 m länger als das vierte und das sechste 34 m lang. Wie lang ist die Häuserreihe?

Jedes Zeichen steht für eine bestimmte Zahl.

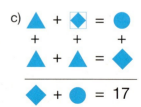

Vermischte Übungen zur Addition und Subtraktion

1 Berechne. Achte auf die Klammer.
a) 24 + (36 − 17) + 31 − (24 − 19)
54 − (38 − 29) + (17 − 8) − 29
(46 − 18) + 43 − (36 − 18) − 14
37 − (56 − 47) + 18 − (44 − 27)
61 − 34 − (48 − 29) + 17 + 33

b) 46 − 28 − (41 − 27) + 27 − 18
61 + (24 − 17) − (37 + 24) + 11
54 − (65 − 48) + 24 − (29 + 26)
37 + (54 − 36) − 29 − (31 − 17)
29 − (61 − 47) + 27 − (18 + 19)

2 Berechne möglichst geschickt.
a) 22 + 17 + 33
46 + 14 + 27
28 + 35 + 55
83 + 46 + 37

b) 56 + 21 + 34
64 + 37 + 76
51 + 34 + 86
87 + 27 + 33

c) 65 + 38 + 55
46 + 52 + 38
72 + 83 + 68
91 + 37 + 29

d) 93 + 56 + 77
86 + 24 + 56
31 + 78 + 89
33 + 22 + 88

3 Berechne.
a) | 709 | 510 | 311 | + | 198 | 397 |
b) | 87 | 348 | 509 | + | 237 | 76 |

L 163, 324, 424, 509, 585, 585, 708, 708, 746, 907, 907, 1106

4 Berechne.
a) | 718 | 577 | 406 | − | 384 | 167 |
b) | 845 | 747 | 437 | − | 357 | 421 |

L 16, 22, 80, 193, 239, 326, 334, 390, 410, 424, 488, 551

5 Ordne die Ergebnisse der Größe nach, dann erhältst du das Lösungswort.

```
  309    2036    1012     498    1618    1087    1301    1207
+  92    +  88   + 209   + 730   +  64   +2306   +1290   + 493
+ 105    + 447   + 320   +  74   + 492   +1724   +1066   +2008
+ 423    +3309   + 857   + 655   + 809   +2006   +1148   +  97
   C        E       M       O       P       R       T       U
```

6 Ordne die Ergebnisse der Größe nach. Du erhältst zwei Vornamen.

6345 − 1530	A		2032 − 847	D		751 − 239	A		4022 − 1870	E
5207 − 1814	R		1571 − 1238	N		1382 − 193	I		603 − 246	D
402 − 288	A		6517 − 6432	S		762 − 175	N		5107 − 1639	L

7 In jedem Paket steckt eine Überraschung.

8

a) Die Zugspitze ist um 1821 m höher als der Brocken (Harz). Wie hoch ist der Brocken?
b) Berechne die Höhenunterschiede dieser Berge.

9 Von 392 Schülern einer Schule verlassen 209 Schüler der 6. Klasse die Schule am Ende des Schuljahres. Nach den Sommerferien kommen 187 Schüler neu in die 5. Klasse. Wie viele Schüler hat die Schule jetzt?

10 Familie Bürger hat auf dem Konto 1310 EUR. Frau Bürger überweist davon 16 EUR für ein Zeitungsabonnement und 58 EUR für eine Versicherung. Wie viel EUR kann sie auf das Sparbuch überweisen, wenn auf dem Konto noch 500 EUR verbleiben sollen?

11 Henrietta bekommt ein neues Kinderzimmer. Wie viel EUR müssen ihre Eltern insgesamt dafür bezahlen? Um wie viel EUR werden die Möbel herabgesetzt?

12 Simon möchte für 439 EUR ein Mountainbike kaufen. Gespart hat er bis zum 1. Juni bereits 253 EUR. Seine Eltern wollen ihm zum Geburtstag im September und zu Weihnachten je 84 EUR dazugeben. Außerdem nimmt sich Simon vor, ab Juni jeden Monat 5 EUR vom Taschengeld zu sparen. In welchem Monat kann er sich das Fahrrad kaufen?

13

Vermischte Übungen

1 a) Baue den Additionsturm fertig.   b) Hier musst du immer subtrahieren.

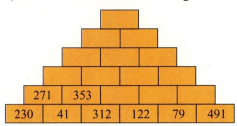
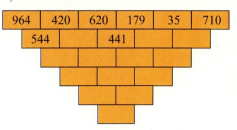

2 a) Addiere die größte zweistellige Zahl und die kleinste dreistellige Zahl.
b) Subtrahiere die größte vierstellige Zahl von der kleinsten sechsstelligen Zahl.
c) Subtrahiere vom Vorgänger der Zahl 1000 den Nachfolger der Zahl 888.

3 a) Addiere fünfhundertsiebenundzwanzig und einhundertsechsundneunzig.
b) Subtrahiere zweitausendfünfhunderteinundsechzig von siebentausenddreihundertzwei.
c) Addiere vierzigtausendachthundertneunzehn und fünftausendsechshundertdreißig.

4 Welches Zeichen <, > oder = muss bei den einzelnen Aufgaben eingesetzt werden?
  a) 68 + 74 ■ 59 + 87   b) 265 − 178 ■ 137 − 62   c) 758 − 547 ■ 903 − 585
    309 − 152 ■ 250 − 93   47 + 286 ■ 199 + 177   7563 − 3841 ■ 8126 − 4438
    268 + 349 ■ 713 − 254   517 − 129 ■ 259 + 129   86732 + 12906 ■ 48706 + 49031
    1037 − 518 ■ 226 + 79 + 381   406 + 775 ■ 2443 − 345 − 817   8973 − 3142 ■ 6314 − 498

5 Bilde aus den angegebenen Zahlen zehn Additionsaufgaben. Die Summe soll immer zwischen 900 und 1000 liegen.

514	497	411	368	309	261	227	183	132	97	85

6 Wähle zwei Zahlen aus und subtrahiere. Die Differenz soll unter 1000 liegen. Bilde zehn Aufgaben.

9206	8307	7860	6859	6395	5193	4729	3725	2666	1655

7 Berechne.
  a) 927 + 336 − 510 + 48   b) 467 + (520 − 270)
    672 + 281 − 864 − 47 + 136   (731 − 372) − (158 + 83)
    1321 + 684 + 1776 − 94 − 1443   634 − 309 − (59 + 161)
    3729 + 582 − 634 + 433 − 1789   (226 + 716) + (836 − 267)

  c) 496 − 371 + 52 + 854 − 79   d) 1530 − (920 + 408)
    4006 − 1286 + 375 − 2421   (4263 − 3177) + (6518 − 2583)
    6155 − 3428 + 175 − 2049 + 783   (9836 + 7625) − (10231 − 6493)
    7813 − 2783 + 3901 − 219 + 2089   (18566 + 3717) − 16881

L 105, 118, 178, 202, 674, 717, 801, 952, 1511, 1636, 2244, 2321, 5021, 5402, 10801, 13723

8 Ergänze die fehlenden Ziffern.

   a)   3 2 ■ 6   b)   5 8 ■ 4   c)   3 6 2 ■   d)   ■ 8 7 ■ 6   e)   6 3 9 7 ■ 9
       + ■ ■ 5 ■   + ■ 0 1 6 ■   + ■ 7 5   + 2 ■ 2 2 ■   + 4 ■ 8 6 ■
       ───────   ───────   ───────   ───────   ───────
        7 5 6 8   7 8 9 6   6 1 2   5 5 5 5 5 5   9 7 5 4

Vermischte Übungen

9 Familie Dietrich aus Hannover hat für den Urlaub ein Ferienhaus in Schweden gemietet. Die Fahrstrecke beträgt etwa 928 km.
In Puttgarden auf Fehmarn nehmen sie die Fähre.
a) Wie weit ist die Strecke Hannover–Puttgarden?
b) Welche Strecke ist noch nach Verlassen der Fähre bis zum Ferienhaus zurückzulegen?
c) Welcher Kilometerstand wird am Urlaubsort etwa erreicht sein?

10 Ein Auto hat ein zulässiges Gesamtgewicht von 1250 kg. Das Auto wiegt leer 800 kg. Familie Schimkat fährt mit dem Auto in den Urlaub. Der Vater wiegt 83 kg, die Mutter 68 kg, Martina 43 kg und Tobias 26 kg. Wie viel Gepäck darf höchstens noch zugeladen werden?

11 Die Fahrradrallye eines Sportvereins führt über mehr als 15 km. Die Zwischenkontrollen sind nach 2514 m, 5976 m, 10621 m und 14353 m.
a) Wie lang ist die Gesamtstrecke, wenn die letzte Teilstrecke 1975 m beträgt?
b) Wie lang sind die anderen Teilstrecken?

12

a) Wo musst du zwischen den Zahlenkugeln die Pluszeichen setzen, damit die Addition der Zahlen die Summe 19 ergibt? Die Reihenfolge der Zahlen darf dabei nicht vertauscht werden. Durch Zusammenrücken von Kugeln erhält man größere Zahlen.
b) Es sind die Zahlen-Kugeln 1, 2, 3, 4, 5, 6 und 7 nebeneinander aufgebaut. Verteile mehrere Pluszeichen so dazwischen, dass die Addition der daraus entstehenden Zahlen die Summe 100 ergibt.
c) Findest du noch eine zweite Lösung?

13 Frank und seine Schwester Iris spielen mit einem Computerspiel. Frank erzielt 15466 Punkte und Iris 8373 Punkte. Franks Freund Christian schafft 9708 Punkte und dessen Schwester Judith 13184 Punkte.
a) Mit wie viel Punkten Abstand zu jedem der drei anderen Mitspieler hat Frank gewonnen?
b) Welches Geschwisterpaar ist Sieger? Welchen Punktvorsprung hat es?

14 Welche Zahl spuckt das Krokodil aus?

Setze nacheinander verschiedene Zahlen ein. Was fällt dir auf?

Vermischte Übungen

1 Fülle die leeren Plätze der Additions- und Subtraktionstabellen in deinem Heft aus.

a)
+	339	876	
4859			
6465			
3418		5807	

b)
+		258	
3511	4242		
		945	
846			1268

c)
−	252	1248	1809
3523			
2651			
		728	1163

2 Berechne die Summe und die Differenz aus der größten und der kleinsten Zahl, die man aus den gegebenen Ziffern bilden kann.
    a) 2, 4, 6   b) 1, 7, 5   c) 3, 8, 4, 9   d) 9, 2, 5, 7, 3

3 Wie oft kann man 1546 von 7382 subtrahieren? Welcher Rest bleibt?

4 Berechne die freien Stellen.
    a) 1478 + ■ = 2299   b) ■ + 113 + 2243 = 4755   c) ■ − 2103 − 208 = 2308
        ■ + 1188 = 2263   428 + ■ + 1124 = 3248   9959 − 126 − ■ = 7194
        ■ + 444 = 1305   917 + 133 + ■ = 2194   4470 − ■ − 1175 = 2048
        3649 + ■ = 5781   ■ + 462 + 418 = 1999   ■ − 4251 − 155 = 576

L 821, 861, 1075, 1119, 1144, 1247, 1696, 2132, 2399, 2639, 4619, 4982

5 Rechne zuerst die innere (runde) Klammer aus, dann die äußere [eckige] Klammer.
    a) [55 − (12 + 16)]
    b) 76 + [84 − (19 + 27)]
    c) [138 − (64 − 19)] − 11
    d) (121 − 11) − [(15 + 36) − 18]
    e) [(28 + 39) − 16] + [46 − (19 + 16)]
    f) [(63 − 17) − 13] + [(88 + 47) − 40] + 68
    g) [(125 − 124) + 26] − [125 − (124 − 26)]
    h) [125 − (126 − 26)] + [(125 − 26) + 126]

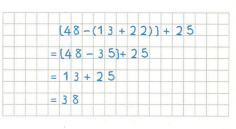

6 a) [1440 − (123 + 87)] − 650
       5600 + [8300 − (4200 + 1900)]
       [(360 + 480) − 210] + [1450 − (163 + 287)]
       [(12 000 − 8000) + 3500] − [(1700 + 4800) − 3600] + 2100
    b) [2884 − (1123 + 496)] − 628 + 339
       [(728 + 399) − 586] + [3333 − (2289 + 613)]
       [3674 − (264 + 1334)] + [243 + (2119 − 312)]

L von Nr. 5 und 6: 0, 27, 62, 77, 82, 114, 196, 250, 580, 972, 976, 1630, 4126, 6700, 7800

Esel unter sich!
Ein grauer und ein brauner Esel ziehen ihres Weges. Der braune Esel stöhnt fürchterlich unter seiner Last. Da sagt zu ihm der graue Esel: „Du stellst dich ja an wie ein Hase. Was soll ich erst sagen! Müsste ich noch einen Sack von deiner Last tragen, dann trüge ich doppelt so viele Säcke wie du. Nähmst du mir aber von meiner Last einen Sack ab, dann trügen wir beide gleich viel!"
Wie viele Säcke tragen der braune und der graue Esel?

7 Schreibe mit Klammern und löse dann.
  a) Addiere zur Differenz der Zahlen 50 und 30 die Summe der Zahlen 25 und 75.
  b) Subtrahiere von der Zahl 97 die Zahl 47 und die Summe der Zahlen 15 und 17.
  c) Subtrahiere von der Summe der Zahlen 60 und 40 die Differenz dieser beiden Zahlen.
  d) Addiere zur Summe der Zahlen 98 und 53 die Differenz der Zahlen 144 und 56.
  e) Subtrahiere von der Differenz der Zahlen 100 und 53 die Differenz der Zahlen 200 und 184.
  f) Addiere zur Zahl 460 die Differenz der Zahlen 320 und 210 sowie die Summe der Zahlen 350 und 550.

Addiere die Differenz der Zahlen 117 und 84 zur Summe der Zahlen 175 und 42.

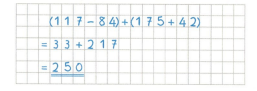

L 18, 31, 80, 120, 239, 1470

8 Löse die Aufgaben mit selbstgewählten Zahlen.
Wie ändert sich die Differenz, wenn
  a) der Subtrahend um 4 verkleinert wird?
  b) der Minuend um 4 verkleinert wird?
  c) der Minuend um 7 vergrößert wird?
  d) der Subtrahend um 7 vergrößert wird?
  e) der Subtrahend um 18 vergrößert wird?
  f) der Minuend um 32 verkleinert wird?
  g) der Minuend um 16 vergrößert wird?
  h) der Subtrahend um 24 verkleinert wird?

9 Schreibe die Tabelle ab und fülle aus:

	x	500 − x	2 · x + 123	3 · x − 68	4 · x + □	□ − x
a)	75				396	85
b)		417				
c)					240	

10 In die Leerstellen gehören die Ziffern 2, 3, 5, 7, 8, 9.
  a) Der Wert der Differenz soll möglichst groß sein.
  b) Der Wert der Differenz soll möglichst klein sein.
  c) Der Wert der Differenz soll 121 betragen.

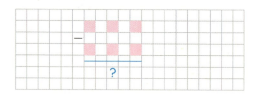

11 Berechne.
  a) Was ist größer: der Summenwert von 12 345 und 54 321 oder der Differenzwert von 98 765 und 32 123?
  b) Welche Zahl musst du vom Summenwert von 7997 und 9779 subtrahieren, um 11 111 zu erhalten?
  c) Wie oft musst du 222 von 2222 mindestens subtrahieren, um eine dreistellige Zahl zu erhalten?

12 Berechne.
  a) 5836 + (1957 − 852) + (3586 − 2597)
     5436 − (853 + 1276) − (1437 + 744)
     8239 + (5617 − 4359) − (1309 + 583)
  b) 6415 + (2537 − 1485) + (6317 − 5838)
     8375 + (1354 + 882) − (602 + 1350)
     7856 − (3437 − 2658) − (5204 − 3408)

Vermischte Übungen

13 Ergänze die fehlenden Ziffern.

a) 8 ■ 4
  − ■ 3 1
  ‾‾‾‾‾
   6 6 ■

b) 7 ■ 7 2
  − ■ 3 2 ■
  ‾‾‾‾‾‾‾
   3 3 ■ 1

c) ■ 1 3
  − 4 ■ 8
  ‾‾‾‾‾
   2 1 ■

d) 3 ■ 3 8
  − ■ 8 7 ■
  ‾‾‾‾‾‾‾
   1 3 ■ 3

e) 2 ■ 4 ■ 6
  − ■ 2 ■ 4 7
  ‾‾‾‾‾‾‾‾‾
   ■ 0 4 6 ■

14 a) (24 + ■) + 31 = 74
  (■ − 32) − 24 = 42
  128 + (312 − ■) = 183
  1652 − (■ − 111) = 1097

b) 148 + (75 − ■) + 36 = 244
  (21 + 96) + (■ + 88) = 335
  (■ + 53) + (146 − 64) = 232
  (299 − 48) − (■ − 178) = 179

L 15, 19, 97, 98, 130, 250, 257, 666

15 Wahr oder falsch?
a) 1563 + 7128 < 4697 + 2873
b) 6470 − 4056 < 9125 − 6488
c) 5791 − 3775 > 8173 − 2625 − 3662
d) 5067 + 284 + 3817 = 1083 + 8084
e) 7326 − 861 − 1194 < 14731 − 9452
f) 13523 + 1282 = 19247 − 583 − 6423
g) 4672 + 8926 > 22937 − 644 − 5376
h) 2537 + 6428 − 1109 < 8460 − 5027 + 482

16 Schreibe die Tabelle ab und fülle aus.

x	2 · x + 76	3 · x − 34	200 − x	x + x	58 + (x + 37)	300 − (x − 100)
55						
71						
123						

17 Berechne die Summe folgender Zahlen.
a) Die zweite Zahl heißt 460. Die erste ist um 217 größer.
b) Die erste Zahl heißt 1200, die zweite ist um 900 größer als die erste, die dritte ist um 1700 größer als die zweite.
c) Die erste Zahl heißt 3406, die zweite ist um 1600 kleiner als die erste, die dritte ist um 848 größer als die zweite und die vierte Zahl ist die Summe aus der ersten und zweiten Zahl.

18 a) Die Summe zweier Zahlen ist 4536. Der zweite Summand heißt 3705.
b) Welche Zahl muss von 478 subtrahiert werden, um 221 zu erhalten?
c) Welche Zahl muss zu 1503 addiert werden, um 7799 zu erhalten?
d) Die Differenz zweier Zahlen ist 16670. Die erste Zahl heißt 20428.
e) Die Summe dreier Zahlen ist 13462. Der zweite Summand heißt 6418, der dritte 707.
f) Die Differenz dreier Zahlen ist 1271. Die beiden Subtrahenden heißen 367 und 5098.

19 Schreibe zu folgenden Aufgaben einen Text.
1. Beispiel: 20 + (50 − 10)   2. Beispiel: (60 + 25) − 12

Addiere zur Zahl 20 die Differenz der Zahlen 50 und 10.	*Subtrahiere von der Summe der Zahlen 60 und 25 die Zahl 12.*

a) 40 + (60 − 20)
b) (50 + 30) − 25
c) 98 − (62 − 15)
d) (88 + 20) + (45 − 30)
e) (101 − 71) + (35 + 58)
f) 79 − 47 − (15 + 17)

Bundesjugendspiele

1 Der Riegenführer hat die Leistungen markiert.
Wie viele Punkte haben Ute und Volker jeweils?

Wettkampfkarte Mädchen

Name und Vorname: Ute

Die erreichte Leistung durchstreichen. Zwischenleistungen immer nach unten abrunden.
Ungültige Versuche mit 0 Punkten vermerken. Leistungen oberhalb des Wertungsspielraums handschriftlich eintragen. Für die beste Leistung Punkte ablesen und am Rand eintragen.

Bundesjugendspiele – Leichtathletik
Wettkampfkarte Jungen

Name und Vorname: Volker

2 a) Eine Schule führt die Bundesjugendspiele (Leichtathletik) durch.
Rainer (11 Jahre), Anke (10 Jahre) und Melanie (12 Jahre) haben sich während der Wettkämpfe ihre Leistungen aufgeschrieben.
Welche Urkunden erhalten sie? Benutze dazu die Tabelle.

b) Die elfjährige Gabi erhält mit 1265 Punkten eine Siegerurkunde.
Wie viele Punkte fehlen ihr, um eine Ehrenurkunde zu erhalten?

	Jungen		Mädchen	
Alter	Siegerurkunde	Ehrenurkunde	Siegerurkunde	Ehrenurkunde
10	1150	1600	900	1300
11	1300	1700	1050	1450
12	1400	1850	1200	1600

Anke — Sprung: 505 P., Wurf: 398 P., Lauf: 449 P.
Melanie — Sprung: 450 P., Wurf: 489 P., Lauf: 529 P.
Rainer — Sprung: 518 P., Wurf: 495 P., Lauf: 479 P.

3 Bastian (11 Jahre) hat beim 50-m-Lauf schon 518 Punkte erreicht und ist 3,61 m weit gesprungen. Er hofft jetzt, eine Ehrenurkunde zu bekommen. Wie weit muss er dann mindestens werfen?

4 Die 11-jährige Lara hat bei den Bundesjugendspielen in der Grundschule immer eine Siegerurkunde erhalten. Sie möchte auch in der 5. Klasse wieder eine Urkunde haben.
a) Wie müssten ihre sportlichen Leistungen aussehen? Stelle verschiedene Möglichkeiten zusammen.
b) Trage deine möglichen Leistungen auch in die Tabelle ein.

5

	Erreichte Punkte			
	Mädchen		Jungen	
	10 Jahre	11 Jahre	10 Jahre	11 Jahre
5a	1975; 1834; 1658; 1202; 1045; 887	1700; 1460; 1310; 1205; 1005; 900	1745; 1472; 1278; 1045; 987; 845	1598; 1580; 1154; 1049; 950
5b	1789; 1465; 1190; 1020; 995; 880	2005; 1270; 1098; 1019; 1007	1900; 1785; 1302; 1278; 1040; 980	2010; 1395; 1315; 1294; 1010; 659

Die Schülerinnen und Schüler der Klassen 5 a und 5 b möchten gerne wissen, welche Klasse am besten abgeschnitten hat. Wie können sie das herausfinden?

3 Geometrie

1 Überall in deiner Umgebung findest du gekrümmte und gerade Linien. Nenne weitere Beispiele.

2 Ingenieure überprüfen mit einem Laserstrahl, ob der Tunnel gerade ist. Wie kann zum Beispiel ein Maurer, ein Straßenbauarbeiter oder ein Gärtner feststellen, ob eine Linie gerade ist? Gib mehrere Möglichkeiten an.

Gerade Linien

3

a) Anja und Christian zäunen zusammen mit ihrem Vater eine Wiese ein. Zu welchem Zweck haben sie die Schnur gespannt?
b) Gib andere Beispiele an, in denen in ähnlicher Weise eine Schnur benutzt wird.

4 a) Falte ein Blatt Papier mehrmals. Zeichne die entstandenen **Faltlinien** farbig aus. Benutze dazu ein Lineal oder ein Geodreieck. Was stellst du fest?

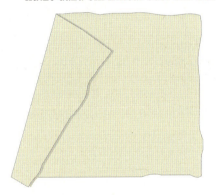
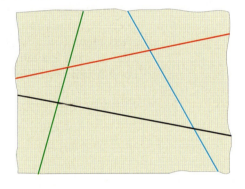

b) Untersuche, welche der Punkte auf einer geraden Linie liegen.

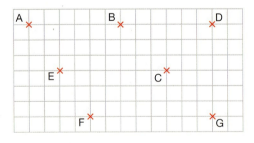

5 Übertrage die Punkte in dein Heft.
a) Zeichne durch den Punkt A mehrere gerade Linien.
b) Zeichne eine gerade Linie durch die Punkte B und C.
c) Kannst du eine gerade Linie zeichnen, die durch alle drei Punkte geht?

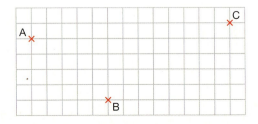

Strecken

1 Stelle mit Hilfe der abgebildeten Karte einen Rundflug zusammen.
Miss dafür zunächst mit dem Geodreieck die Längen der einzelnen Flugstrecken und ergänze die Tabelle im Heft.

Flug-strecken	Länge auf der Karte	Entfernung der Städte
H–B	2,5 cm	250 km
...		

Strecke

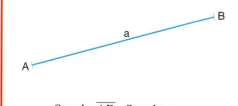

Strecke $\overline{AB}$ = Strecke a

Eine Strecke wird durch ihre **Endpunkte** oder mit **kleinen lateinischen Buchstaben** bezeichnet.
Die **kürzeste Verbindung** zwischen zwei Punkten ist eine **Strecke**.
Die **Länge** einer Strecke kannst du **messen.**

Strecken messen und zeichnen

2 Übertrage die Punkte in dein Heft. Zähle dazu die Kästchen ab. Verbinde anschließend jeden Punkt mit jedem anderen durch eine Strecke.
Miss die Längen der einzelnen Strecken und markiere die kürzeste und längste Strecke mit verschiedenen Farben.

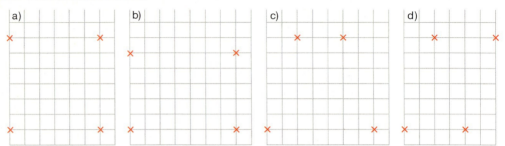

3 In der Abbildung wird mit Hilfe des Geodreiecks eine 4 cm lange Strecke $\overline{AB}$ gezeichnet.

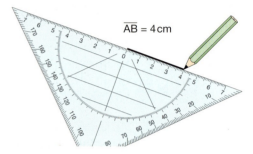

Miss die Längen der abgebildeten Strecke. Notiere dein Ergebnis (Beispiel: $\overline{AB}$ = 4 cm).
Zeichne anschließend die einzelnen Strecken in dein Heft.

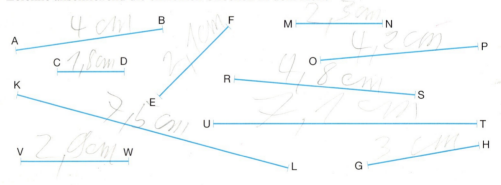

4 Zeichne jeweils eine Strecke mit der angegebenen Länge in dein Heft. Bezeichne die Endpunkte der Strecke.

Strecke	$\overline{AB}$	$\overline{CD}$	$\overline{EF}$	$\overline{GH}$	$\overline{KL}$	$\overline{MN}$	$\overline{OP}$	$\overline{RS}$	$\overline{TU}$
Länge	3 cm	4 cm	3,5 cm	56 mm	4,6 cm	29 mm	8,5 cm	92 mm	0,6 dm

5 a) Wie viele Strecken werden durch die Punkte A, B, C und D auf der abgebildeten geraden Linie festgelegt? Bezeichne sie jeweils durch ihre Endpunkte.
b) Miss die Längen der einzelnen Strecken. Notiere dein Ergebnis.

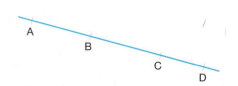

Streckenzug

Maßstab 1 : 20 000 1 cm in der Zeichnung bedeuten 20 000 cm (= 200 m) in der Wirklichkeit.

1 Eine Langstreckenläuferin will in einem Park mit möglichst wenig Runden insgesamt 18 km zurücklegen. Dabei will sie während einer Runde keine Strecke zweimal durchlaufen. Start und Ziel einer Runde ist der Parkplatz (Punkt A in der Abbildung). Welchen Weg kann sie wählen? Wie viele Runden muss sie insgesamt laufen?

2 Ein Frachtflugzeug muss mehrere Gepäckstücke und Container von Köln aus nach Berlin, Hamburg und München transportieren. Anschließend kehrt das Flugzeug nach Köln zurück.
a) Notiere drei unterschiedliche Flugrouten.
b) Stelle für diesen Transport die kürzeste Flugroute zusammen. Wie viel Kilometer legt das Flugzeug dafür insgesamt zurück?

3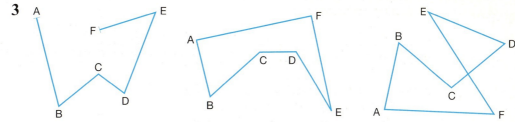

a) In den Abbildungen sind jeweils einzelne Strecken zu einem **Streckenzug** aneinandergereiht. Vergleiche die Streckenzüge miteinander. Was stellst du fest?
b) Versuche sechs Punkte in deinem Heft so anzuordnen, dass du sie zu einem geschlossenen Streckenzug verbinden kannst, bei dem zwei (drei) Überschneidungen auftreten.

54 Geraden und Strahlen

1 Denke dir eine Strecke $\overline{AB}$ jeweils über die Endpunkte A und B hinaus beliebig weit verlängert; es entsteht eine **Gerade**. Begründe, warum du immer nur einen Ausschnitt der Geraden zeichnen kannst.

2 a) Zeichne durch einen Punkt A möglichst viele Geraden. Was stellst du fest?
b) Markiere zwei Punkte A und B in deinem Heft. Wie viele Geraden kannst du durch diese beiden Punkte zeichnen?

Gerade

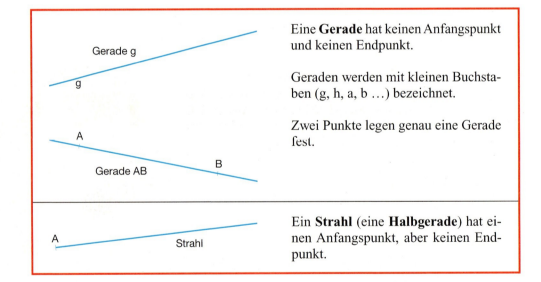

Eine **Gerade** hat keinen Anfangspunkt und keinen Endpunkt.

Geraden werden mit kleinen Buchstaben (g, h, a, b …) bezeichnet.

Zwei Punkte legen genau eine Gerade fest.

Strahl

Ein **Strahl** (eine **Halbgerade**) hat einen Anfangspunkt, aber keinen Endpunkt.

3 Gib an, ob es sich in der Abbildung um eine Gerade, einen Strahl oder eine Strecke handelt. Miss die Länge der einzelnen Strecken.

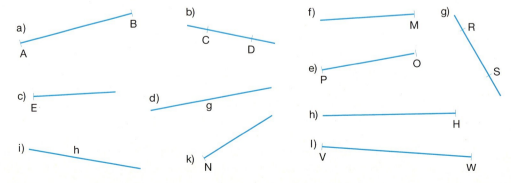

Geraden und Strahlen   55

4 Übertrage die abgebildeten Punkte in dein Heft und zeichne jeweils durch zwei Punkte eine Gerade. Ergänze die Tabelle im Heft.

Anzahl der Punkte	2	3	4	5	6
Anzahl der Geraden	1				

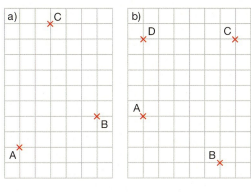

5 Markiere vier Punkte A, B, C und D so in deinem Heft, dass du durch jeweils zwei Punkte genau eine Gerade (genau drei, genau vier Geraden) zeichnen kannst. Ist das immer möglich?

6 In den abgebildeten Computerausdrucken siehst du jeweils drei Geraden a, b und c.
Die drei Geraden im Ausdruck A sollen keinen Schnittpunkt, die im Ausdruck B einen Schnittpunkt haben. Im Ausdruck C und D sollen zwei bzw. drei Schnittpunkte auftreten.

Sind die Geraden richtig angeordnet?

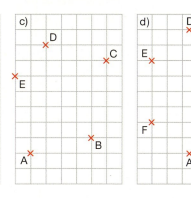

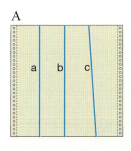 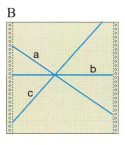 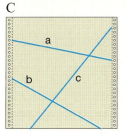 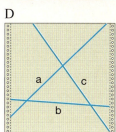

7 a) Bestimme die Anzahl der Schnittpunkte in der abgebildeten Figur.
b) Zeichne vier Geraden, so dass du möglichst viele Schnittpunkte erhältst.
c) Ordne vier Geraden so an, dass du möglichst wenig Schnittpunkte erhältst.

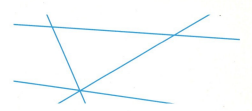

8 a) Zeichne jeweils vier Geraden, so dass du 4 (5, 6) Schnittpunkte erhältst.
b) Zeichne jeweils fünf Geraden, so dass du 7 (8, 9, 10) Schnittpunkte erhältst.

Senkrechte Geraden

1

Falte wie in den folgenden Abbildungen ein Stück Papier zweimal nacheinander. Du hast durch das Falten Kanten hergestellt, die **senkrecht zueinander** stehen, sie bilden einen **rechten Winkel.**

Faltest du das Blatt wieder auseinander, siehst du zwei senkrecht zueinander verlaufende Faltlinien.

1. Schritt: **2. Schritt:**

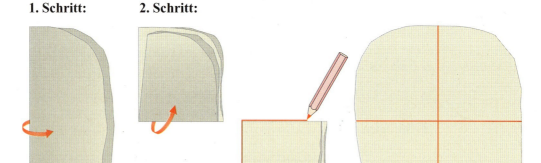

2 a) Wo vermutest du in deinem Klassenraum rechte Winkel? Überprüfe deine Vermutungen mit dem Faltwinkel.
b) Findest du auch an deinem Geodreieck Strecken, die senkrecht zueinander sind?

3 Der Tischler benutzt zum Kürzen der Bretter einen Anschlagwinkel. Warum?

Senkrechte Geraden

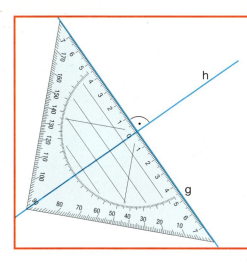

Die Geraden g und h stehen **senkrecht zueinander**, sie bilden **rechte Winkel**.

Man schreibt: g ⊥ h
Man sagt: g senkrecht zu h

In einer Zeichnung wird ein rechter Winkel durch das Symbol ⌐ gekennzeichnet.

4 Prüfe, ob die Geraden g und h senkrecht zueinander sind. Schreibe so: g ⊥ h oder g⊥̸h (nicht senkrecht).

a)   b)   c)

5 Überprüfe, welche Geraden senkrecht zueinander sind. Schreibe so: e ⊥ f.

a)   b)   c)

6 Übertrage die Tabelle und kreuze an, wenn die Geraden senkrecht zueinander sind.

⊥	a	b	c	d	e	f
a						
b						
c						
d						
e						
f						

Senkrechte Geraden zeichnen

7 So kannst du mit dem Geodreieck eine Senkrechte zu einer Geraden g durch einen Punkt P zeichnen:

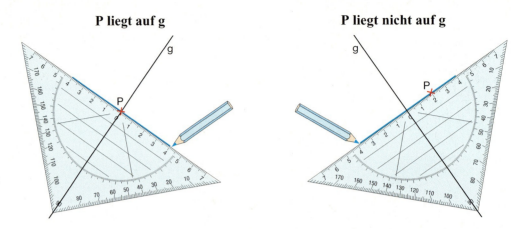

Übertrage die Abbildung in dein Heft. Zeichne mit dem Geodreieck durch den Punkt P die Senkrechte zur Geraden g.

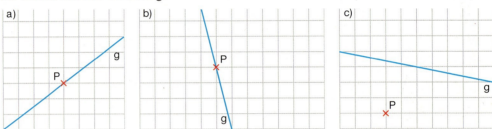

8 Übertrage die Punkte und Geraden in dein Heft. Zeichne durch die einzelnen Punkte eine Senkrechte zu jeder der vorgegebenen Geraden.

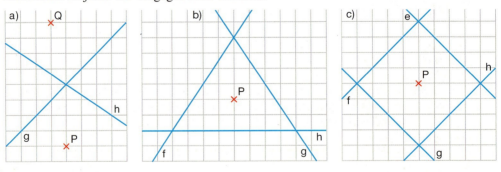

Übertrage die Punkte in dein Heft. Zeichne einen Streckenzug, der durch alle Punkte geht.
Der Streckenzug soll jedoch nur aus vier Einzelstrecken bestehen.

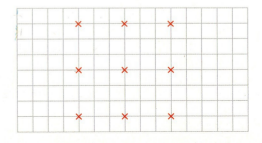

Abstand

1

Jessica und Sebastian wollen für ein Basketballspiel den Freiwurfpunkt markieren. Wie werden sie vorgehen?

2 In der Abbildung ist der Punkt P jeweils mit den Punkten A, B, C, D und E der Geraden g verbunden.
Bestimme die kürzeste Verbindungsstrecke und beschreibe ihre Lage zur Geraden g.

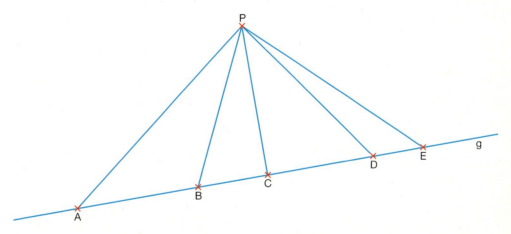

3 Zeichne eine Gerade g in dein Heft. Die Gerade soll nicht auf einer Gitterlinie liegen. Markiere drei Punkte A, B und C, die nicht auf g liegen. Zeichne anschließend die kürzeste Verbindungsstrecke jeweils von A, B und C zu g und miss ihre Länge.

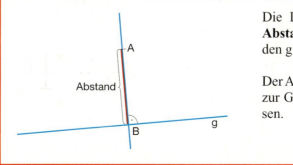

Die Länge der Strecke $\overline{AB}$ ist der **Abstand** des Punktes A von der Geraden g.

Der Abstand wird auf der Senkrechten zur Geraden g durch Punkt A gemessen.

Abstand

4 Bestimme mit Hilfe des Geodreiecks, wie viel Millimeter Abstand die einzelnen Punkte jeweils von der Geraden e, f und g haben.

Ergänze die Tabelle im Heft.

	A	B	C	D	E
e	7 mm				
f					
g					

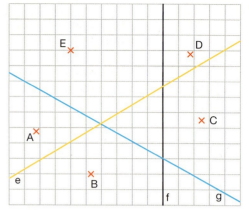

5 Übertrage die Abbildung in dein Heft. Zeichne durch jeden Punkt die Senkrechte zur Geraden g. Bestimme anschließend die Abstände der einzelnen Punkte von der Geraden g.

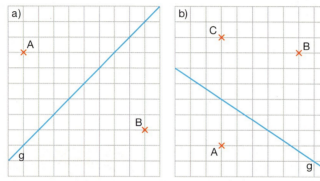

6 Zeichne eine Gerade g in dein Heft. Die Gerade g soll nicht auf einer Gitterlinie liegen. Markiere fünf Punkte A, B, C, D und E so, dass Punkt A 4,5 cm, Punkt B 38 mm, Punkt C 2,8 cm, Punkt D 54 mm und Punkt E 1,8 cm Abstand zur Geraden g hat.

7 Die beiden Geraden g und h schneiden sich in dem Punkt S.
Übertrage die Abbildung in ähnlicher Lage in dein Heft. Zeichne anschließend einen Punkt A, der den Abstand 3 cm von g und auch von h hat.

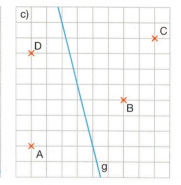

Sind die Strecken gleich lang?

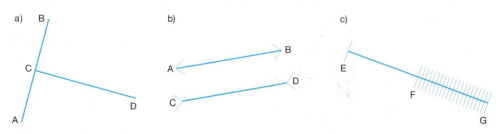

Parallele Geraden

1 Herr Hasse will einen Zaun bauen. Die Pfosten stehen bereits und das untere Brett ist auch schon angenagelt.

Was muss er beim Befestigen des oberen Brettes beachten?

2 Falte aus einem Stück Papier zunächst einen rechten Winkel. Falte noch einmal, so dass die Abschnitte der ersten Faltlinie genau aufeinander liegen. Falte das Blatt wieder auseinander. Wie liegen die Faltlinien zueinander? Beschreibe ihren Verlauf.

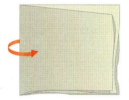  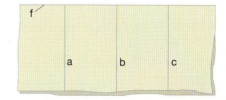

3 Auf dem Foto siehst du einen Abschnitt einer geraden Gleisstrecke.
Die einzelnen Schienen haben überall den gleichen Abstand.
Wo findest du in deiner Umwelt gerade Linien (Strecken, Kanten), die überall den gleichen Abstand haben?

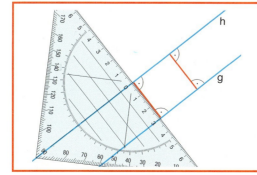

Zwei Geraden g und h, die zu einer dritten Geraden senkrecht stehen, heißen **zueinander parallel**.

Man schreibt: g ∥ h
Man sagt: g parallel zu h

Zueinander **parallele Geraden** haben überall den **gleichen Abstand.**

4 Mit den parallelen Hilfslinien auf dem Geodreieck kannst du überprüfen, ob die abgebildeten Geraden zueinander parallel sind.

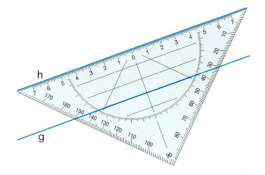

Welche Geraden sind zueinander parallel? Schreibe so: a ∥ b.

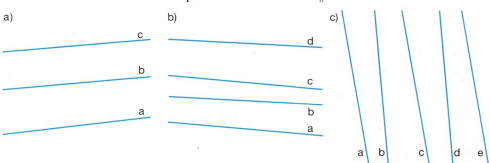

5 Stelle fest, welche der Geraden zueinander parallel sind. Notiere so: a ∥ b.

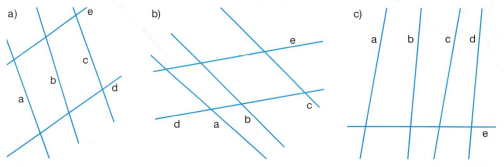

6 Peter prüft, ob die Geraden g und h zueinander parallel verlaufen. Beschreibe anhand der Abbildungen, wie er dabei vorgegangen ist.

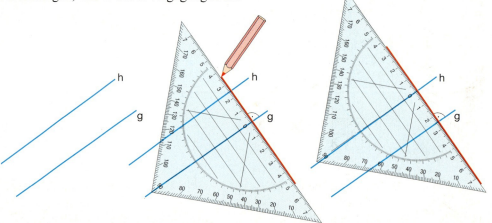

Parallele Geraden zeichnen

7 So kannst du mit dem Geodreieck durch einen Punkt P die Parallele zu einer Geraden g zeichnen:

1. Zeichne durch den Punkt P die Senkrechte zu g. Bezeichne die Senkrechte mit s.

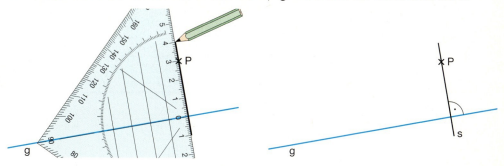

2. Zeichne durch den Punkt P die Senkrechte zu s. Du erhältst die Parallele h zur Geraden g.

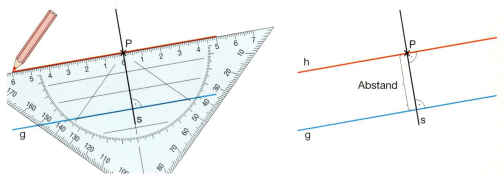

8 Übertrage die Punkte und Geraden in ähnlicher Lage in dein Heft. Zeichne jeweils die Parallelen zu g durch die vorgegebenen Punkte.
Miss anschließend die Abstände der einzelnen Parallelen von der Geraden g.

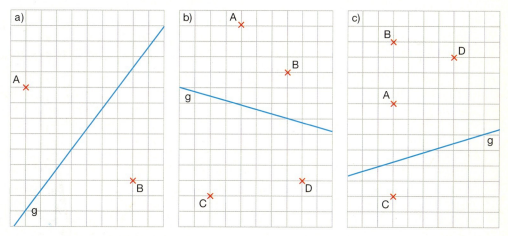

9 Zeichne eine Gerade g schräg in dein Heft. Zeichne zu g Parallelen mit dem folgenden Abstand.
  a) 4 cm   b) 5 cm   c) 35 mm   d) 2,5 cm   e) 4,3 cm   f) 58 mm   g) 6,8 cm

Vermischte Übungen

1 Übertrage die Tabelle und kreuze an, wenn die Geraden parallel zueinander sind.

‖	a	b	c	d	e	f	g
a							
b							
c							
d							
e							x
f							
g					x		

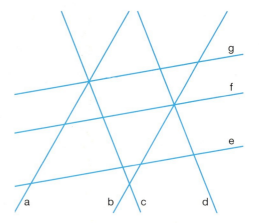

2 Setze das Zeichen ⊥ oder ‖, wo es möglich ist. Andernfalls setze das Zeichen ⊥̸ (nicht zueinander senkrecht) oder ∦ (nicht zueinander parallel) ein.

a) d a   b) f d   c) m g   d) k n
e) c e   f) o m   g) h n   h) d g
i) m k   j) e f   k) i b   l) g h

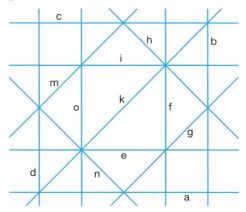

3 Übertrage und beschrifte die abgebildete Figur, so dass gilt:
a ‖ c; d ‖ b; e ⊥ f; m ‖ a

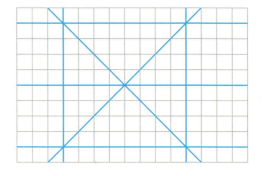

4 Zeichne drei Geraden a, b und c nach folgenden Angaben. Beschrifte die Geraden.
a) a ‖ b und b ‖ c   b) a ⊥ b und b ⊥ c   c) a ‖ b und b ⊥ c   d) a ⊥ b und b ‖ c

5 Zeichne vier Geraden a, b, c und d nach folgenden Angaben. Beschrifte die Geraden.
a) a ‖ b und b ‖ d und c ⊥ d   b) a ⊥ b und b ⊥ c und d ‖ b

6 Zeichne acht Geraden a, b, c, d, e, f, g und h so in dein Heft, dass für sie alle folgenden Angaben zutreffen: b ‖ c, d ⊥ b, a ∦ b, a ⊥̸ b, e ‖ d, f ⊥ c, g ‖ f und h ⊥ b.

Optische Täuschungen

1 Entscheide nach Augenmaß, ob die rot gekennzeichneten Geraden (Strecken) zueinander parallel sind. Prüfe dann mit dem Geodreieck.

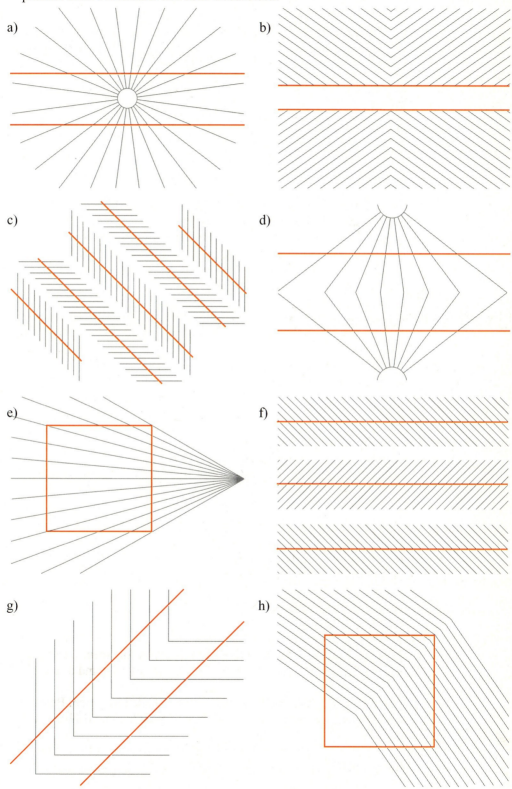

Rechteck und Quadrat

1 Die Glasscheiben des abgebildeten Gebäudes haben nicht alle dieselbe Form. Du erkennst viele unterschiedliche Formen. Versuche sie zu beschreiben.

2 Imke und Martin betrachten die Platten, die ihr Vater bereits verlegt hat. Martin zählt 21 Rechtecke, Imke 13 Quadrate und 8 Rechtecke. Wer hat richtig gezählt? Was meinst du?

Rechteck und Quadrat

3 Beschreibe anhand der Abbildungen, wie aus einem rechteckigen Blatt Papier ein Quadrat gefaltet wird.
Vergleiche die Seitenlängen von Rechteck und Quadrat miteinander. Was stellst du fest?

1. Schritt: **2. Schritt:**

  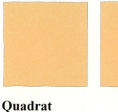

Rechteck **Quadrat**

4 Welches der abgebildeten Vierecke ist ein Rechteck, welches ist ein Quadrat?

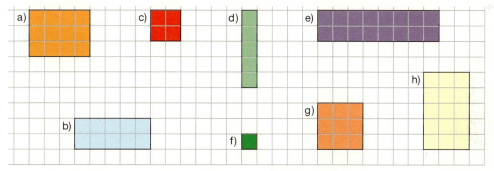

5 Übertrage die Tabelle in dein Heft und kreuze das Zutreffende an.

Eigenschaften	Rechteck	Quadrat
Die gegenüberliegenden Seiten sind parallel.		
Die gegenüberliegenden Seiten sind gleich lang.		
Alle Seiten sind gleich lang.		
Die Nachbarseiten sind immer senkrecht zueinander.		
Die Figur hat vier rechte Winkel.		

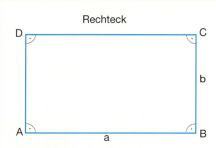 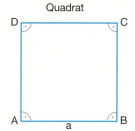

Ein Viereck, in dem die benachbarten Seiten senkrecht zueinander stehen, heißt **Rechteck**.

Ein Rechteck, in dem alle Seiten gleich lang sind, heißt **Quadrat**.

Rechteck und Quadrat

6 Welche der Figuren sind Rechtecke, welche sind Quadrate? Versuche, deine Antwort zu begründen.

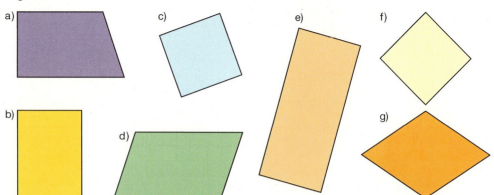

7 So kannst du ein Rechteck mit den Seitenlängen 5 cm und 3 cm zeichnen:

1. Schritt: **2. Schritt:**   **3. Schritt:**   **4. Schritt:**

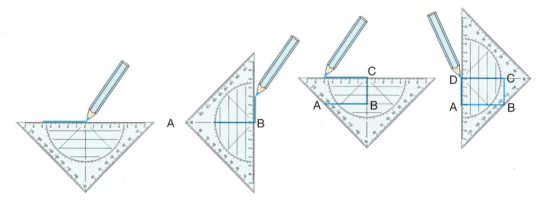

Zeichne ein Rechteck mit den angegebenen Seitenlängen.

	a)	b)	c)	d)	e)	f)	g)	h)
Breite	4 cm	5 cm	4,5 cm	4,2 cm	7,8 cm	1,6 cm	8,6 cm	3,2 cm
Länge	3 cm	2 cm	4,5 cm	2,8 cm	3,5 cm	6,4 cm	2,2 cm	4,8 cm

8 Zeichne ein Quadrat mit der Seitenlänge
    a) 4 cm   b) 3 cm   c) 2,5 cm   d) 3,2 cm   e) 4,6 cm   f) 3 cm 8 mm

9 Wie viele Rechtecke findest du in der abgebildeten Figur? Wie viele dieser Rechtecke sind Quadrate?

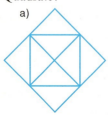   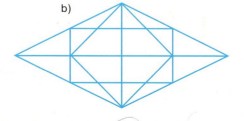   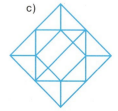

Rechteck und Quadrat

1 Schneide aus kariertem Papier fünf jeweils 5 cm lange und 3 cm breite Rechtecke aus.
Lege zwei (drei, vier, fünf) dieser Rechtecke zu einem neuen Rechteck zusammen. Wie viele Möglichkeiten gibt es? Zeichne die jeweiligen Rechtecke in dein Heft und notiere ihre Seitenlänge.

2 Schneide aus kariertem Papier zwölf Quadrate aus. Die Länge einer Quadratseite soll 2 cm betragen.
Lege die einzelnen Quadrate zu einem Rechteck zusammen. Benutze dafür immer alle achtzehn Quadrate. Wie viele Rechtecke lassen sich legen? Zeichne sie in dein Heft und notiere ihre Seitenlänge.

3 Übertrage die Figuren auf kariertes Papier und schneide sie aus.
Zerlege jede Figur so durch einen Schnitt, dass du die beiden Teile zu einem Rechteck zusammenfügen kannst.

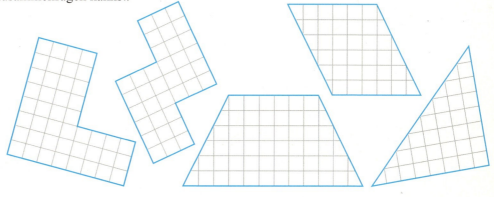

Entferne drei Streichhölzer, so dass du drei gleich große Quadrate erhältst.

Lege drei Streichhölzer so um, dass drei Quadrate entstehen.

Entferne fünf Streichhölzer, so dass drei gleich große Quadrate übrigbleiben.

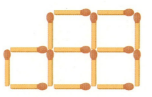
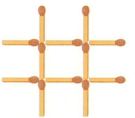
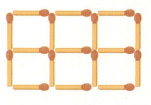

Rechteck und Quadrat

1 a) Zeichne ein Rechteck mit den Seitenlängen 6 cm und 4 cm.
Verbinde die gegenüberliegenden Eckpunkte. Die Verbindungsstrecken heißen **Diagonalen.**
b) Verbinde die gegenüberliegenden Seitenmitten. Die beiden Strecken heißen Mittellinien.

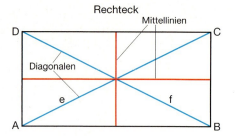

2 Zeichne ein Quadrat mit der Seitenlänge 6 cm. Zeichne die Diagonalen und die Mittellinien ein. Überprüfe mit dem Geodreieck, welche Strecken senkrecht und welche parallel zueinander sind.

3 Übertrage die Tabelle in dein Heft und kreuze das Zutreffende an.

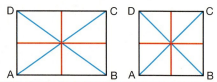

Eigenschaften	Rechteck	Quadrat
Die Diagonalen sind senkrecht zueinander.		
Die Diagonalen sind gleich lang.		
Die Diagonalen halbieren sich.		
Die Mittellinien sind senkrecht zueinander.		
Die Mittellinien sind gleich lang.		
Die Mittellinien halbieren sich.		

4 In der Abbildung siehst du die Teilfigur eines Rechteckes (Quadrates). Sie ist durch Schnitte längs der Diagonalen (Mittellinien) entstanden.
Übertrage die Teilfigur in dein Heft und vervollständige sie zu einem Rechteck (Quadrat).

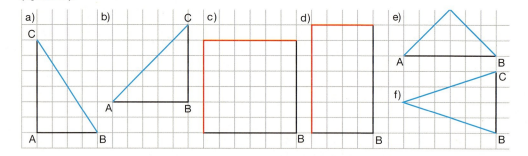

5 Zeichne ein Rechteck.
a) Die Mittellinien sind 6 cm und 4 cm (3 cm und 5 cm, 4,8 cm und 6,4 cm) lang.
b) Die Seite $\overline{AB}$ ist 3 cm und die Diagonale 5 cm (4,2 cm und 6,8 cm) lang.

6 Zeichne ein Quadrat.
a) Die Mittellinie ist 5 cm (4,6 cm; 3,8 cm; 5,2 cm; 4 cm 4 mm; 6 cm 5 mm) lang.
b) Die Diagonale ist 4,6 cm (3,4 cm; 6,2 cm; 2 cm 8 mm; 5 cm 4 mm; 5,8 cm) lang.

Dreieck

1

Am Gittermast siehst du viele Querverbindungen, die zusammen mit anderen Gerüstteilen **Dreiecke** bilden.

2 Mirjam und David haben aus Leitern und Stäben zwei Gerüste gebaut. Begründe, warum sie an einem Gerüst zwei weitere Stäbe schräg angebracht haben. Welche Figuren sind dadurch an diesem Gerüst entstanden?

3 a) Zeichne drei Punkte A, B und C, die nicht auf einer Geraden liegen, in dein Heft und verbinde sie. Du erhältst das **Dreieck ABC.**
Beschrifte die Seiten.
b) Zeichne vier Dreiecke in dein Heft. Beschrifte jeweils die Eckpunkte und die Seiten.

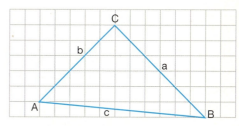

Eckpunkte: A; B; C
Seiten: $\overline{AB} = c$, $\overline{BC} = a$, $\overline{CA} = b$

72 Dreieck

4 Sebastian hat drei Holzleisten zu einem Dreieck zusammengefügt.

Er möchte an das 60 cm lange Holzstück zwei Holzleisten anlegen, so dass ein weiteres Dreieck entsteht.

Welche der abgebildeten Holzstücke kann er dafür auswählen? Gib alle Möglichkeiten an.

5 Miss die einzelnen Seitenlängen der abgebildeten Dreiecke. Trage deine Messergebnisse in eine Tabelle ein.

Welche der abgebildeten Dreiecke haben zwei gleichlange, welche drei gleichlange Seiten?

	Seite a	Seite b	Seite c
I	3,1 cm		
II			
III			

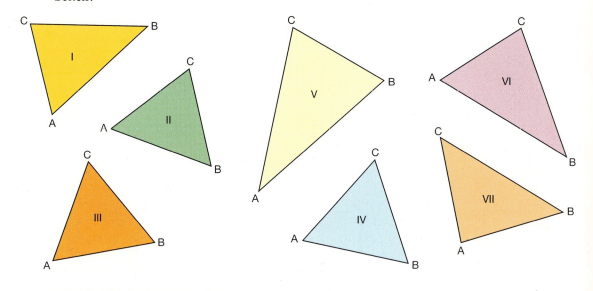

Dreiecke lassen sich nach den Längen ihrer Seiten einteilen:

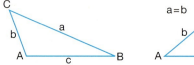 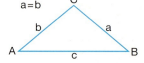

Unregelmäßige Dreiecke: Alle Seiten sind verschieden lang.

Gleichschenklige Dreiecke: Zwei Seiten sind gleich lang.

Gleichseitige Dreiecke: Alle drei Seiten sind gleich lang.

Parallelogramm und Raute

1

Versuche, die Frage zu beantworten.

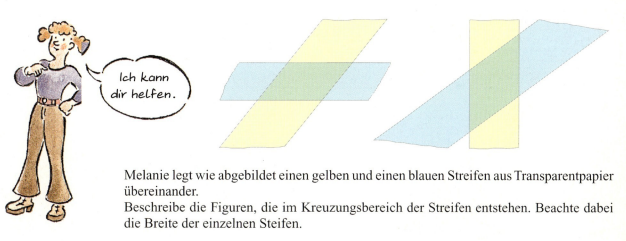

Melanie legt wie abgebildet einen gelben und einen blauen Streifen aus Transparentpapier übereinander.
Beschreibe die Figuren, die im Kreuzungsbereich der Streifen entstehen. Beachte dabei die Breite der einzelnen Steifen.

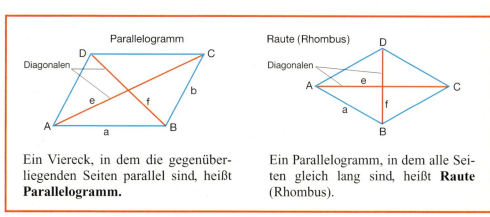

Ein Viereck, in dem die gegenüberliegenden Seiten parallel sind, heißt **Parallelogramm.**

Ein Parallelogramm, in dem alle Seiten gleich lang sind, heißt **Raute** (Rhombus).

Parallelogramm und Raute

2 Übertrage die Vierecke in dein Heft und zeichne die Diagonalen ein. Welches Viereck ist ein Parallelogramm, eine Raute, ein Rechteck, ein Quadrat?

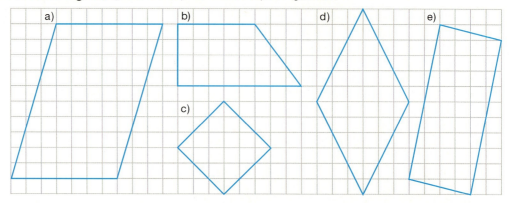

3 Übertrage die Tabelle in dein Heft und kreuze das Zutreffende an.

Eigenschaften	Parallelogramm	Raute	Rechteck	Quadrat
Die gegenüberliegenden Seiten sind parallel.				
Die gegenüberliegenden Seiten sind gleich lang.				
Die Nachbarseiten sind senkrecht zueinander.				
Die Figur hat vier rechte Winkel.				
Die Diagonalen sind senkrecht zueinander.				
Die Diagonalen sind gleich lang.				
Die Diagonalen halbieren sich.				

4 Zeichne zu einer Geraden g eine Parallele mit dem Abstand 3 cm. Du erhältst einen Parallelstreifen. Zeichne anschließend einen zweiten Streifen, so dass du jeweils ein Rechteck, ein Quadrat, ein Parallelogramm und eine Raute erhältst. Färbe die so entstandenen Vierecke.

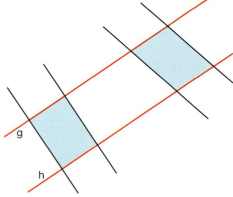

5 Übertrage die Figuren in dein Heft und ergänze sie jeweils zu einem Parallelogramm.

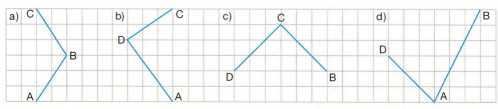

Trapez und Drachen

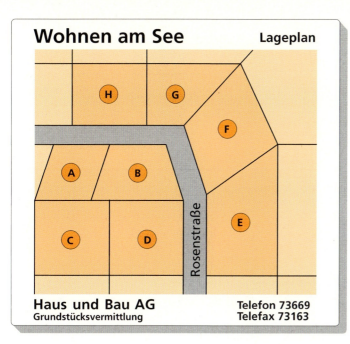

1 Die abgebildeten Grundstücke sind jeweils Vierecke.
  a) Welche Grundstücke haben eine Form, die du bereits kennst?
  b) Familie Beier will das Grundstück **B** kaufen. Beschreibe dieses Viereck. Findest du auf dem Lageplan weitere derartige Grundstücke?

2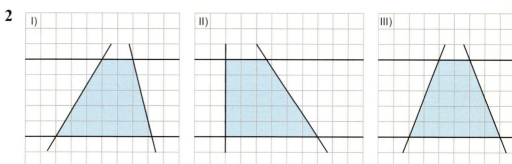

a) In der Abbildung wird ein Parallelstreifen von zwei Geraden geschnitten, so dass das farbig markierte Viereck entsteht. Welche Eigenschaften hat das Viereck?
b) Übertrage die Zeichnung in dein Heft. In welchem Viereck kannst du eine Symmetrieachse einzeichnen?

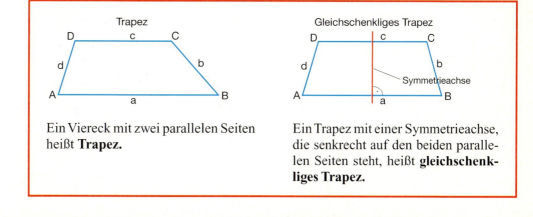

Ein Viereck mit zwei parallelen Seiten heißt **Trapez**.

Ein Trapez mit einer Symmetrieachse, die senkrecht auf den beiden parallelen Seiten steht, heißt **gleichschenkliges Trapez**.

Trapez und Drachen

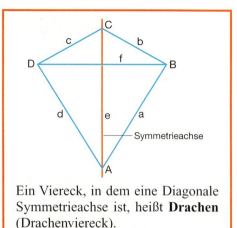

Ein Viereck, in dem eine Diagonale Symmetrieachse ist, heißt **Drachen** (Drachenviereck).

3 Aus einem gefalteten Blatt Papier kannst du durch zwei Schnitte einen Drachen ausschneiden. Beschreibe seine Eigenschaften.

4 Welches Viereck ist ein Trapez, ein gleichschenkliges Trapez, ein Drachen?

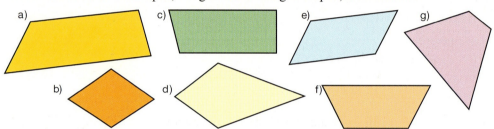

5 Übertrage die Punkte A, B und C in dein Heft. Zähle dazu Kästchen aus. Markiere einen vierten Punkt D so, dass durch das Verbinden der Punkte ein Parallelogramm (ein Trapez, ein gleichschenkliges Trapez, ein Drachen) entsteht.

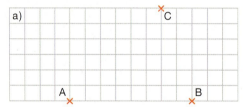
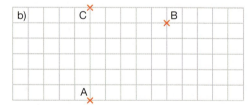

6 Welches Viereck ist
a) ein Parallelogramm und zugleich ein gleichschenkliges Trapez,
b) ein Drachen und zugleich ein Parallelogramm,
c) eine Raute und zugleich Rechteck und Parallelogramm,
d) ein Drachen und zugleich ein gleichschenkliges Trapez?

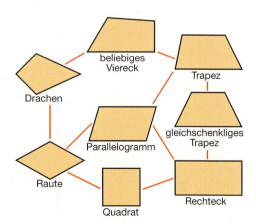

Koordinatensystem

1 Stadtpläne werden häufig mit einem Gitter versehen, das den Ort in quadratische Felder **(Gitterquadrate)** einteilt. In welchem Gitterquadrat liegt das Rathaus (der Spielplatz, das Museum, die Klinik, der Leuchtturm)?

2 Um sich auf der Erde zu orientieren, wurde der Globus mit einem Netz von Längen- und Breitenkreisen überzogen. Jeder Punkt auf der Erdoberfläche ist durch die Angabe der Breiten- und Längengerade genau festgelegt.

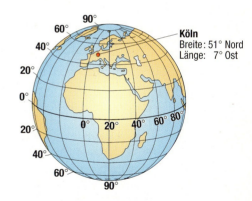

a) Suche den zugehörigen Ort auf der Karte: 53° Nord, 9° Ost (52° N, 9,5° O).
b) Bestimme die Lage von Bielefeld (Braunschweig, Hildesheim).

3 a) Bestimme in den abgebildeten Gittern die Seitenlänge eines Quadrates.
b) Beschreibe, an welcher Stelle die einzelnen Punkte im Quadratgitter markiert sind. Lässt sich ihre Lage immer eindeutig angeben?

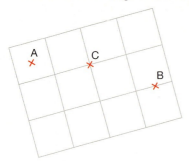 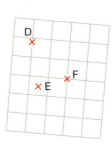 

4 In dem Quadratgitter siehst du zwei zueinander senkrecht stehende Zahlenstrahlen.
Sie liegen jeweils auf einer Gitterlinie und haben einen gemeinsamen Anfangspunkt (Nullpunkt).
Versuche, die Lage der markierten Punkte jeweils durch ein Zahlenpaar anzugeben.

Koordinatensystem

Zwei senkrecht zueinander stehende Zahlenstrahlen mit einem gemeinsamen Anfangspunkt (**Ursprung**) bilden ein **Koordinatensystem**.
Der nach rechts verlaufende Zahlenstrahl (**Rechtsachse**) wird mit **x**, der nach oben verlaufende Zahlenstrahl (**Hochachse**) mit **y** gekennzeichnet.

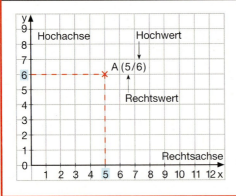

Ein Punkt wird im Koordinatensystem durch ein geordnetes Zahlenpaar festgelegt.

Der Punkt A hat den **Rechtswert 5** und den **Hochwert 6**.

Man sagt auch: Der Punkt A hat die **Koordinaten 5** und **6**.

Man schreibt: A (5|6)

Figuren im Koordinatensystem

5 a) Lies für jeden Punkt die Koordinaten ab und notiere zuerst den Rechtswert und dann den Hochwert.
Beispiel: A (2|3)
b) Zeichne ein Koordinatensystem und trage die folgenden Punkte ein.
A (12|8), B (7|15), C (1|14), D (4|4), E (0|9), F (11|5), G (5|11), H (9|0)

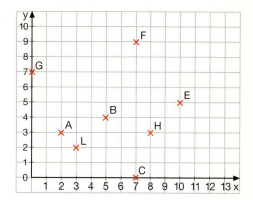

6 a) Gib von der abgebildeten Figur die Koordinaten der Eckpunkte an.
b) Zeichne ein Koordinatensystem und trage die folgenden Punkte ein:
A (2|1), B (10|1), C (10|3), D (4|3), E (4|6), F (8|6), G (8|8), H (4|8), I (4|11), K (10|11), L (10|13), M (2|13). Verbinde die Punkte in der Reihenfolge A, B, C, D, E, F, G, H, I, K, L, M, A zu einer Figur.

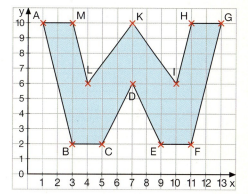

7 Zeichne ein Koordinatensystem. Trage die Punkte ein und verbinde sie in der angegebenen Reihenfolge. Welche Figur erhältst du?

	Punkte	Reihenfolge
a)	A (6|1), B (8|1), C (8|4), D (13|4), E (8|6), F (12|6), G (8|8), H (11|8), I (7|11), K (3|8), L (6|8), M (2|6), N (6|6), O (1|4), P (6|4)	A, B, C, D, E, F, G, H, I, K, L, M, N, O, P, A
b)	A (6|1), B (13|1), C (12|3), D (15|7), E (6|7), F (7|9), G (7|14), H (5|16), I (1|12), K (5|12), L (5|10), M (3|8), N (3|4)	A, B, C, D, E, F, G, H, I, K, L, M, N, A
c)	A (2|2), B (10|2), C (10|8), D (6|12), E (2|8)	A, E, D, C, E, B, A, C, B
d)	A (1|5), B (3|2), C (6|1), D (12|2), E (17|5), F (20|2), G (20|8), H (12|8), I (6|9), K (3|4)	A, B, C, D, E, F, G, E, H, I, K, A
e)	A (1|6), B (3|3), C (11|2), D (20|6), E (7|6), F (7|7), G (15|7), H (7|14)	F, G, H, E, A, B, C, D, E

8 Entwirf selbst eine Figur im Koordinatensystem und schreibe die Koordinaten der Eckpunkte auf. Nenne die Koordinaten deinem Nachbarn und fordere ihn auf, die Figur zu zeichnen.

Figuren im Koordinatensystem

9 a) Übertrage das abgebildete Koordinatensystem und die einzelnen Strecken in dein Heft.
b) Gib jeweils die Koordinaten der Endpunkte an.
c) Überprüfe mit dem Geodreieck, welche Strecken zueinander parallel sind. Schreibe so: $\overline{AB} \parallel \overline{MN}$.

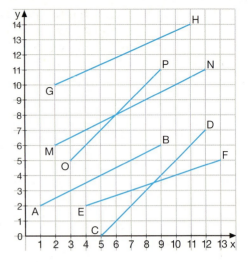

10 Zeichne die Strecke mit den angegebenen Endpunkten in ein Koordinatensystem. Gib die Koordinaten von drei Punkten an, die auf der Strecke liegen.

	a)	b)	c)	d)	e)
Koordinaten der Endpunkte	A (1|3) B (7|15)	C (4|4) D (14|9)	E (0|0) F (16|4)	G (2|11) H (14|7)	M (16|15) N (21|5)

11 Zeichne durch die beiden angegebenen Punkte jeweils eine Gerade. Bezeichne die einzelne Gerade mit dem zugehörigen kleinen Buchstaben.
Überprüfe mit dem Geodreieck, welche der Geraden zueinander senkrecht sind.
Schreibe so: $g \perp h$.

Gerade g	Gerade h	Gerade e	Gerade f	Gerade k	Gerade m
A (2|2)	C (1|14)	E (3|10)	G (7|8)	I (11|1)	M (13|7)
B (3|7)	D (6|3)	F (13|6)	H (8|13)	K (17|3)	N (15|1)

12 a) Trage die Punkte A (1\|7), B (13\|3), C (2\|4), D (11\|13), E (2\|12) und F (13\|1) in ein Koordinatensystem ein.
b) Zeichne die Strecken $\overline{AB}$, $\overline{CD}$ und $\overline{EF}$. In welchen Punkten schneiden sich die Strecken? Gib jeweils die Koordinaten der Schnittpunkte an.

Lege sechs Streichhölzer so um, dass sechs gleich große Vierecke entstehen.

Lege drei Streichhölzer so, dass aus den sechs Dreiecken vier gleich große Vierecke entstehen.

Entferne fünf Streichhölzer, so dass fünf Dreiecke übrigbleiben.

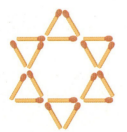

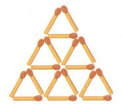

Figuren im Koordinatensystem

13 Trage die folgenden Punkte in ein Koordinatensystem ein und verbinde jeden Punkt mit jedem anderen Punkt:
A (9|2), B (14|4), C (16|9), D (14|14), E (9|16), F (4|14), G (2|9), H (4|4).

14 Nenne die Namen der im Koordinatensystem abgebildeten Vierecke.
Gib jeweils die Koordinaten ihrer Eckpunkte an.

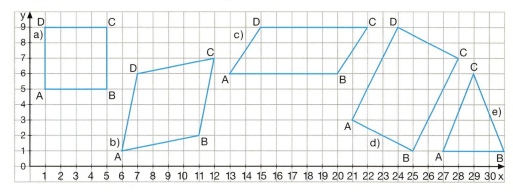

15 Zeichne die Vierecke mit den angegebenen Eckpunkten in ein Koordinatensystem. Welche Figur erhältst du jeweils?

Viereck I	Viereck II	Viereck III	Viereck IV
A (5|1), B (10|4)	A (13|0), B (21|3)	A (2|13), B (10|9)	A (13|11), B (17|8)
C (7|9), D (2|6)	C (21|8), D (13|5)	C (12|13), D (4|17)	C (21|11), D (17|14)

16 Bestimme in einem Koordinatensystem die Koordinaten des fehlenden Eckpunktes.

Quadrat	Rechteck	Raute	Parallelogramm
A (3|4), B (8|3)	A (2|10), B (11|12)	A (17|12), B (21|15)	A (■|■), B (17|4)
C (9|8), D (■|■)	C (10|16), D (■|■)	C (■|■), D (13|15)	C (19|11), D (14|10)

17 a) Zeichne ein Viereck mit den Eckpunkten A (8|2), B (16|8), C (10|16) und D (2|10) in ein Koordinatensystem.
b) Markiere die Mittelpunkte der Seiten und benenne sie mit E, F, G, H. Gib ihre Koordinaten an.
c) Verbinde diese Seitenmittelpunkte in der Reihenfolge E, F, G, H, E. Welche Figur erhältst du? Gib an, in welchem Punkt sich die Diagonalen dieser Figur schneiden.

18 a) Zeichne ein Viereck mit den Eckpunkten A (5|5), B (12|1), C (12|5) und D (5|9). Welche Figur entsteht?
b) Verändere die Figur so, dass du ein Viereck mit gleich langen Seiten erhältst. Es gibt zwei Möglichkeiten. Notiere für jede Lösung die Koordinaten der beiden neuen Eckpunkte.

Zwei Vögel sitzen auf einer Stange, 10 m voneinander entfernt. Jetzt hüpft der eine Vogel 1 m auf den anderen zu. Der andere hüpft dann 2 m auf den ersten zu. Beide Vögel tun dasselbe noch einmal. Wie weit sitzen beide Vögel nun voneinander entfernt?

Achsensymmetrische Figuren

1

In der Natur findest du viele regelmäßig geformte Figuren.

a) In der Abbildung siehst du die farbige Flügelzeichnung eines Schmetterlings. Gib Punkte seines Flügelmusters an, die beim Zusammenfalten der Flügel aufeinandertreffen.

b) Lässt sich das abgebildete Ahornblatt so falten, dass die beiden Hälften genau aufeinander fallen? Suche nach weiteren Mustern in der Umwelt.

2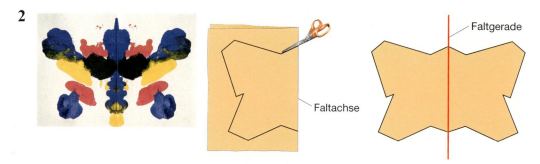

Erkläre, wie das Klecksbild und die ausgeschnittene Figur entstanden sind. Stelle ebenso derartige Figuren her.

3 a) Beschreibe, wie die blau umrandete Figur erzeugt wird.

b) Fertige ebenso eine solche Figur an. Verbinde anschließend einander entsprechende Punkte beider Hälften. Wie liegen die einzelnen Verbindungsstrecken zur Faltgeraden?

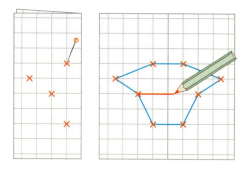

Symmetrieachse

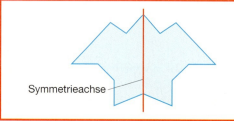

Eine Figur, in der sich beim Zusammenfalten die beiden Hälften genau decken, heißt **achsensymmetrisch**.

Die Faltgerade heißt **Symmetrieachse** der Figur.

Achsensymmetrische Figuren

4 Falte ein Blatt Papier. Schneide einen Schmetterling (einen Drachen, einen Tannenbaum) aus. Zeichne anschließend die Symmetrieachse farbig nach.

5 Schneide aus kariertem Papier ein 12 cm langes und 6 cm breites Rechteck sowie ein Quadrat von 10 cm Seitenlänge aus. Stelle durch Falten fest, wie viele Symmetrieachsen das Rechteck bzw. das Quadrat hat.

6  Schneekristalle schweben einzeln nur bei sehr großer Kälte der Erde entgegen. Es sind nahezu achsensymmetrische Figuren. Wie viele Symmetrieachsen findest du in dem abgebildeten Kristall?

7 Welche der abgebildeten Verkehrszeichen sind achsensymmetrisch? Zeichne fünf weitere achsensymmetrische Verkehrszeichen in dein Heft.

Gefahrenstelle — Haltestelle — Gegenverkehr — Richtungstafel in Kurven — Verbot der Einfahrt

8 a) Übertrage die achsensymmetrischen Flaggen in dein Heft und zeichne jeweils alle Symmetrieachsen ein.
b) Entwirf selbst fünf achsensymmetrische Flaggen.

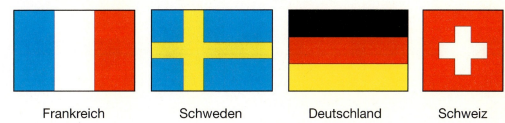

Frankreich — Schweden — Deutschland — Schweiz

9 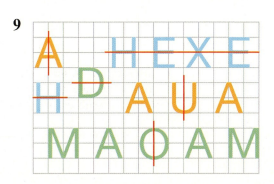 Einige der Großbuchstaben in Blockschrift sind achsensymmetrisch. Schreibe sie auf und zeichne die Symmetrieachsen ein.
Es gibt Wörter, die achsensymmetrisch sind. Finde weitere Beispiele.

10 Gib an, welche der abgebildeten Figuren achsensymmetrisch ist.

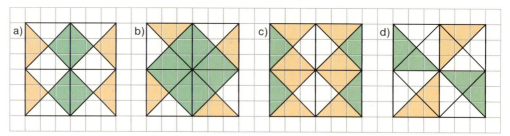

11 Übertrage die abgebildete Figur mehrmals in dein Heft. Färbe einige Teilflächen so, dass du ein achsensymmetrisches Muster erhältst.

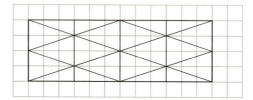

12 Übertrage die Figur in dein Heft und zeichne alle Symmetrieachsen ein.

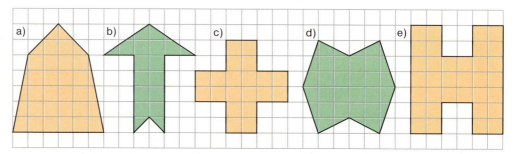

13 Übertrage die Zeichnung und ergänze sie zu einer achsensymmetrischen Figur. Die rot eingezeichnete Gerade soll Symmetrieachse der vollständigen Figur sein.

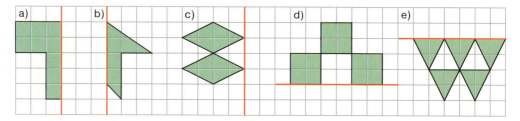

14 Übertrage die Zeichnungen in dein Heft. Ergänze sie jeweils zu achsensymmetrischen Figuren. Die rot eingezeichneten Geraden sollen Symmetrieachsen der vollständigen Figur sein.

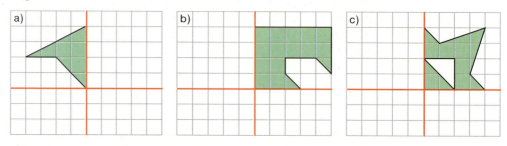

Achsensymmetrische Figuren

15 Übertrage die Figur in dein Heft und zeichne alle Symmetrieachsen ein.
Gib auch den Namen der Figur an.

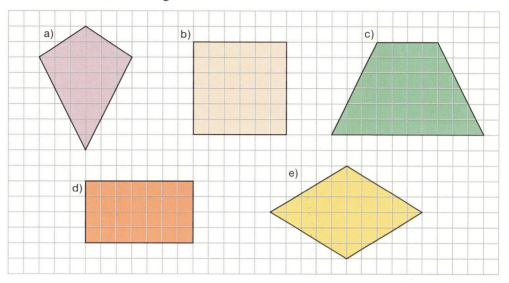

16

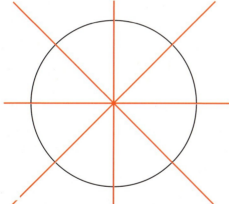

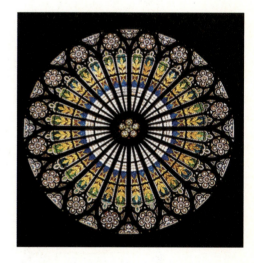

Kannst du die Frage beantworten?

17 a) Zeichne ein Koordinatensystem und trage die folgenden Punkte ein: A (8|3), B (10|4), C (11|6), D (10|8), E (8|9), F (6|8), G (5|6), H (6|4).
b) Verbinde die Punkte in der Reihenfolge A, B, C, D, E, F, G, H und A zu einer Figur. Zeichne alle Symmetrieachsen der Figur rot ein.

18 Zeichne ein Dreieck mit den angegebenen Eckpunkten in ein Koordinatensystem. Zeichne anschließend durch die Punkte B und C eine Gerade.
Ergänze das Dreieck zu einem achsensymmetrischen Viereck. Die Gerade soll dabei Symmetrieachse der neuen Figur sein.

a)	b)	c)
A (1|5), B (3|2), C (3|8)	A (9|10), B (7|8), C (11|8)	A (14|6), B (7|4), C (16|4)

Welche Figur erhältst du? Gib die Koordinaten des vierten Eckpunktes an.

4 Multiplizieren und Dividieren

1 Wie viele Sportler nehmen an dem Rennen teil?

2 Gib als Multiplikationsaufgabe an und berechne im Kopf.
  a) $12 + 12 + 12 + 12 + 12$ b) $9 + 9 + 9 + 9 + 9 + 9 + 9 + 9 + 9 + 9 + 9$
  $11 + 11 + 11 + 11 + 11 + 11$ $101 + 101 + 101 + 101$
  $15 + 15 + 15 + 15$ $22 + 22 + 22 + 22$

Produkt

Faktor		Faktor		Produkt
25	·	8	=	200

25 · 8 wird auch als **Produkt** der Zahlen 25 und 8 bezeichnet.

3 a) Die beiden Faktoren heißen 14 und 5. Berechne das Produkt.
  b) Das Produkt ist 48. Der eine Faktor heißt 4. Wie groß ist der andere Faktor?
  c) Addiere zum Produkt von 8 und 12 die Zahl 104.

4 a) Welche Zahl bekommst du, wenn du zum Produkt aus 12 und 7 die Zahl 210 addierst?
  b) Subtrahiere von 400 das Produkt der Zahlen 13 und 5.
  c) Verdopple das Produkt von 5 und 18.
  d) Multipliziere die beiden Zahlen 12 und 9 und halbiere das Produkt.

5 Welche Zahl bekommst du, wenn du von 470 das Produkt der Zahlen 5 und 25 subtrahierst?

6 Berechne die Summe der Produkte aus 11 und 7 und 6 und 12.

7 Wie groß ist die Differenz zwischen dem Produkt aus 14 und 5 und dem Produkt aus 6 und 8?

88 Multiplizieren und Dividieren

Von April bis Juni:
45 000 Starts und Landungen
3 900 000 Fluggäste

8 a) Wie viele Landungen und Starts erfolgten auf dem Düsseldorfer Flughafen in einem Monat?
b) Berechne die Anzahl der An- und Abflüge in einem Jahr.
c) Wie viele Fluggäste zählte man durchschnittlich in einem Monat?

9 Bis zum Düsseldorfer Flughafen sind es für Herrn Bernasko 440 km. Er rechnet mit einer Fahrzeit von fünf Stunden. Wie viel Kilometer muss er durchschnittlich in einer Stunde fahren?

Quotient

Dividend	Divisor	Quotient
120 :	5 =	24

Auch **120 : 5** wird als **Quotient** der Zahlen 120 und 5 bezeichnet.

10 a) Dividiere 200 durch 50 (40, 5, 25, 8).   b) Berechne den Quotienten aus 72 und 6.

11 Führe folgende Divisionen aus: 420 : 6   630 : 90   4800 : 6   7200 : 80

12 Wie heißt die Zahl?
a) Dividiere ich die Zahl durch 9, so erhalte ich 9 (7, 8, 11, 20).
b) Multipliziere ich die Zahl mit 7, so erhalte ich 56 (77, 280, 350, 4200).
c) Multipliziere ich die Zahl mit sich selbst, so erhalte ich 49 (81, 100, 121).

13 Addiere zum Quotienten aus 108 und 12 die Zahl 98.

14 Dividiere das Produkt aus 15 und 8 durch 12.

15 Multipliziere die Zahl 50 mit dem Quotienten aus 100 und 5.

Rechnen mit null

1 Gib als Divisionsaufgaben an und rechne aus.
  a) 5 · ■ = 45
     7 · ■ = 63
  b) 4 · ■ = 48
     3 · ■ = 39
  c) ■ · 12 = 36
     ■ · 15 = 45
  d) 17 · ■ = 51
     ■ · 10 = 350

2 Gib als Multiplikationsaufgaben an und rechne aus.
  a) ■ : 2 = 12
     ■ : 13 = 6
  b) ■ : 15 = 6
     ■ : 12 = 8
  c) ■ : 32 = 3
     ■ : 41 = 7
  d) ■ : 145 = 2
     ■ : 108 = 4

> Multiplikation und Division sind Umkehrungen voneinander.
>
> 12 · 8 = 96   96 : 8 = 12
>   96 : 12 = 8

3 Bestimme den Platzhalter.
  a) 6 · ■ = 72
     4 · ■ = 84
  b) ■ · 3 = 69
     ■ · 8 = 88
  c) ■ : 6 = 15
     ■ : 11 = 7
  d) ■ : 15 = 5
     ■ : 12 = 8

4 Versuche die folgenden Aufgaben zu lösen.
  a) 0 : 4 = ■
     0 : 120 = ■
  b) 0 : 1 = ■
     0 : 58 = ■
  c) 0 · 380 = ■
     0 · 77 = ■
  d) 35 · 0 = ■
     54 · 0 = ■

5 Bestimme, soweit möglich, den Platzhalter.
  a) ■ : 1 = 12
     ■ : 1 = 25
  b) ■ · 17 = 17
     ■ · 17 = 0
  c) ■ : 70 = 1
     ■ : 20 = 0
  d) 9 : ■ = 1
     9 : ■ = 0

Rechnen mit null

Ich bin 10-mal 0 Schritte gelaufen und stehe immer noch hier.

> Wenn man eine Zahl mit null multipliziert, erhält man null.   47 · 0 = 0
>   0 · 47 = 0
>
> Wenn null durch eine andere Zahl dividiert wird, erhält man null.   0 : 24 = 0
>
> Durch null darf **nicht** dividiert werden.   ~~12 : 0~~

6 Bestimme, soweit möglich, den Platzhalter.
  a) ■ · 24 = 24
     ■ · 24 = 0
     ■ · 35 = 0
  b) 1 · ■ = 83
     0 · ■ = 83
     38 · ■ = 0
  c) ■ : 13 = 1
     ■ : 13 = 0
     ■ : 27 = 0
  d) 100 : ■ = 1
     100 : ■ = 0
     240 : ■ = 240

7 Philipp hat sechs Fehler gemacht. Welche? Schreibe die Aufgaben richtig in dein Heft.

a) 39 : 39 = 0	b) 1 · 29 = 29	c) 0 · 91 = 91	d) 79 : 1 = 79
67 : 1 = 67	44 : 44 = 44	26 : 26 = 1	0 : 8 = 0
0 : 55 = 0	22 : 1 = 0	0 : 37 = 37	0 : 46 = 46

Kopfrechnen mit großen Zahlen

1 Berechne im Kopf.
a) 2 · 7
    2 · 70
    2 · 700
    2 · 7000

b) 4 · 3
    4 · 30
    4 · 300
    4 · 3000

c) 6 · 70
    6 · 800
    7 · 9000
    9 · 800

d) 3 · 700
    8 · 900
    7 · 6000
    5 · 90000

e) 7 · 800000
    7 · 90000
    6 · 9000
    8 · 700000

2 Multipliziere mit 10 (mit 100, 1000): 40 59 107 633 987 2002 4300 650000

3 Dividiere
a) durch 10:   70 340 4490 7100 45000 200000 456000 6000000
b) durch 100:   300 8400 245000 5000 6600000 77000 80900000
c) durch 1000:   9000 31000 540000 800000 90900000 400000000

4
a) 80 · 70
    50 · 40
    90 · 30

b) 60 · 800
    90 · 300
    70 · 600

c) 60 · 400
    400 · 30
    30 · 800

d) 8000 · 70
    900 · 400
    90 · 500

e) 80 · 9000
    70 · 700
    50 · 110

f) 2100 · 40
    320 · 300
    900 · 600

5
a) 900 · 60
    700 · 80
    600 · 40

b) 800 · 60
    500 · 700
    6000 · 700

c) 5000 · 90
    7000 · 80
    9000 · 40

d) 800 · 90
    70 · 5000
    60 · 90

e) 120 · 40
    1200 · 60
    130 · 500

f) 70 · 9000
    800 · 500
    4000 · 400

6
a) 4200 : 100
    4200 : 10

b) 6800000 : 1000
    432000 : 100

c) 750000 : 10000
    20000 : 1000

d) 890000000 : 10000000
    8200000 : 10000

7
a) 560 : 70
    5400 : 60
    6300 : 90

b) 360 : 40
    750 : 50
    4200 : 60

c) 48000 : 480
    2900 : 290
    7100 : 710

d) 7200 : 90
    54000 : 600
    77000 : 700

e) 6000 : 300
    6000 : 50
    3900 : 30

f) 38800 : 200
    14400 : 800
    10800 : 900

8
a) 3600 : 900
    4800 : 600
    4800 : 400

b) 45000 : 9000
    45000 : 500
    54000 : 600

c) 120000 : 12000
    220000 : 11000
    720000 : 24000

d) 8000 : 20
    2400 : 60
    7000 : 50

e) 770000 : 11000
    250000 : 5000
    520000 : 4000

9 Setze passende Aufgaben zusammen.

a)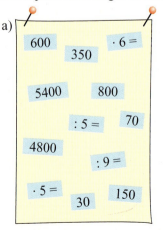
b)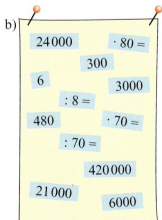
c)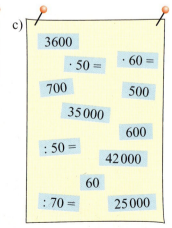

So ein Durcheinander
Bei einer Treibjagd werden insgesamt 13 Hasen und Fasane erlegt. Die Tiere haben zusammen 40 Beine. Wie viele Hasen und wie viele Fasane sind es?

Punkt-, Strich- und Klammerrechnung

1 a) Sabine und Carsten schreiben ihre Rechnungen an die Tafel. Wer hat Recht?
b) Rechne und vergleiche. Was stellst Du fest?

Enthält eine Aufgabe Punkt- und Strichrechnung, gilt folgende Vereinbarung:
Punktrechnung (· und :) geht vor Strichrechnung (+ und −).

$$\begin{aligned} & 20 + 12:3 \\ =\ & 20 + 4 \\ =\ & 24 \end{aligned} \qquad \begin{aligned} & 80 - 4 \cdot 12 \\ =\ & 80 - 48 \\ =\ & 32 \end{aligned}$$

Enthält eine Aufgabe Klammern, dann ist der Rechenweg vorgeschrieben:
Die Klammer wird zuerst berechnet.

$$\begin{aligned} & (6+7) \cdot 2 \\ =\ & 13 \cdot 2 \\ =\ & 26 \end{aligned} \qquad \begin{aligned} & 6 + (7 \cdot 2) \\ =\ & 6 + 14 \\ =\ & 20 \end{aligned}$$

---

2 a) (8 + 2) · 6   b) (33 + 27) · 3   c) (5 + 7) · 5   d) (40 − 8) : 2   e) 100 − 80 : 4
      8 + 2 · 6   33 + 27 · 3   5 + 7 · 5   40 − 8 : 2   (100 − 80) : 4

3 a) 6 · (12 − 7)   b) 8 · (9 − 4)   c) 64 : (8 + 24)   d) 4 · 3 + 8   e) 20 : (4 + 6)
      6 · 12 − 7   8 · 9 − 4   64 : 8 + 24   4 · (3 + 8)   20 : 4 + 6

4 a) 80 : (12 + 8)   b) 5 · 7 + 8   c) 56 : (45 − 17)   d) 3 · (21 + 19)   e) 84 : (57 − 36)
      50 : (32 − 7)   6 · (20 − 9)   100 : (43 − 18)   3 · 21 + 19   6 · (93 − 68)

5 a) 30 + 60 : 3   b) 50 − 15 : 3   c) 18 − (18 : 3)   d) 54 : 9 + 8   e) (24 + 15) : 3
      2 · (4 + 26)   (32 − 6) : 2   7 · (3 + 9)   (12 + 9) : 3   48 : (12 − 4)
      (4 · 5) · 7   36 : (19 − 7)   12 + 6 · 9   15 + 9 : 3   84 − 6 · 7

L 3, 6, 7, 12, 13, 13, 14, 18, 42, 45, 50, 60, 66, 84, 140

6 a) 60 − 80 : 4   b) 70 − 63 : 7   c) 1000 − 80 · 9   d) 32 + 80 : 8   e) 15 − 6 : 3
      20 + 30 · 5   14 + 5 · 3   420 + 42 : 6   12 + 9 · 3   20 + 4 · 9
      25 · 8 − 16   51 · 5 − 41   810 : 9 − 47   96 : 6 + 26   67 − 12 · 4

L 13, 19, 29, 39, 40, 42, 42, 43, 56, 61, 170, 184, 214, 280, 427

7 Berechne. Jedes Ergebnis einer Aufgabe findest du als erste Zahl bei einer weiteren Aufgabe.
a) 80 − 20 : 4
11 · (16 + 4)
180 : (12 − 3)
b) (75 − 20) : 5
20 + 4 · 9
220 − 80 : 2
c) 40 · (73 − 66)
56 · 2 − 12
26 + 9 · 6
d) 30 − 28 : 7
4 · 5 + 64
(280 − 130) : 5
e) 84 : (6 · 7)
2 · 39 − 38
100 : (36 − 11)

8 Bei richtiger Lösung erhältst du die Namen von sechs großen Städten in Europa.
a) 40 : (12 − 8)
(31 + 9) : 8
(51 − 9) : 6
b) 36 : (24 − 20)
(18 + 7) : 5
28 : (61 − 57)
c) (12 + 15) : 9
(36 + 19) : 11
6 · (4 + 8)
d) 15 + 5 · 3
14 − 4 · 3
6 · 11 − 63
e) (64 − 4) : 6
(32 − 7) · 8
27 − 4 · 5

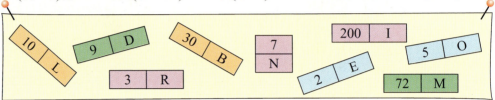

f) (23 + 7) · 5
(8 + 7) : 3
9 · (14 − 5)
g) 28 : (15 − 8)
(25 + 17) : 7
9 · (22 − 17)
h) (38 − 2) : 9
48 : 12 − 4
(39 + 27) : 11
i) (31 − 24) · 12
(46 + 2) : 8
8 · (41 − 16)
j) 3 · (31 − 6)
24 − 4 · 5
35 : (11 − 4)

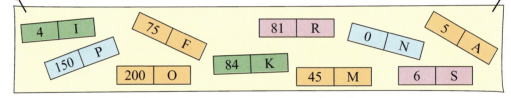

9 a) 6 · 7 − 72 : 9
5 · 8 + 12 · 6
3 · 9 + 81 : 9
b) 60 − 12 · 4 + 63 : 9
36 − 24 : 4 + 15 · 3
54 + 54 : 6 + 42 : 6
c) 80 : 4 + 6 · 8 − 11 · 4
63 : 7 + 9 · 3 − 32 : 4
50 · 4 + 7 · 3 − 84 : 4
d) 8 · 7 − 13 · 3
63 + 8 · 4 + 35 : 7
90 · 7 + 8 : 4 + 12 · 5

L 17, 19, 24, 28, 34, 36, 70, 75, 100, 112, 200, 692

10 (90 − 36) : 9 + 23
= 54 : 9 + 23
= 6 + 23
= 29
a) (48 + 24) : (12 − 4)
(48 + 24) : 12 − 4
48 + 24 : (12 − 4)
b) (47 + 9) : 7 + 24
(35 + 42) : 11 + 46
96 + 48 : (2 + 10)
c) 24 + 12 : (21 − 15)
120 − 24 · (82 − 77)
48 + 48 : (71 − 59)

L 0, 2, 9, 26, 32, 51, 52, 53, 100

11 a) 240 + 36 : 3 − 28 : 2
520 − 48 : 6 − 32 · 3
350 − 72 : 9 − 12 · 6
b) 72 + 18 : 6 + 3
28 + 24 : 12 − 4
26 + 36 : 18 + 9
c) 9 · (5 + 7) − 16 : 4
(9 · 5 + 7 − 16) : 4
(8 + 9 · 8 − 30) : 5
d) (39 + 6) : (72 : 8)
(36 + 42) : 13 + 47
87 + 25 · (84 − 78)

L 5, 9, 10, 26, 37, 53, 78, 104, 237, 238, 270, 416

Petra und Sybille haben sich eine Geheimschrift ausgedacht. Für A schreiben sie 11, für B 12, für C 13 usw. Hier ist ihre erste Botschaft:
293028152417 171518151923. Kannst du sie lesen?

Verbindungs- und Vertauschungsgesetz

1 Klaus rechnet: $(8 \cdot 6) \cdot 5$ Elke rechnet: $8 \cdot (6 \cdot 5)$
                        $= 48 \cdot 5$ $= 8 \cdot 30$
                        $= 240$ $= 240$

Findest du weitere Rechenwege, die zum Ergebnis 240 führen?

Verbindungsgesetz (Assoziativgesetz)

> Bei der Multiplikation dürfen Faktoren beliebig zusammengefasst werden.
> $(8 \cdot 5) \cdot 4 = 8 \cdot (5 \cdot 4)$
> $40 \cdot 4 = 8 \cdot 20$
> $160 = 160$

Vertauschungsgesetz (Kommutativgesetz)

> Bei der Multiplikation darf die Reihenfolge der Faktoren beliebig vertauscht werden. Das Ergebnis verändert sich dabei nicht.
> $8 \cdot 5 = 5 \cdot 8$
> $40 = 40$

2 Rechne und vergleiche.

a)	b)	c)	d)	e)
$(20 \cdot 4) \cdot 3$	$2 \cdot (12 \cdot 4)$	$(4 \cdot 25) \cdot 6$	$(40 \cdot 8) \cdot 2$	$(200 \cdot 5) \cdot 8$
$20 \cdot (4 \cdot 3)$	$(2 \cdot 12) \cdot 4$	$4 \cdot (25 \cdot 6)$	$40 \cdot (8 \cdot 2)$	$200 \cdot (5 \cdot 8)$
$(20 \cdot 3) \cdot 4$	$(2 \cdot 4) \cdot 12$	$(4 \cdot 6) \cdot 25$	$8 \cdot (2 \cdot 40)$	$(200 \cdot 8) \cdot 5$

$87 \cdot 5 \cdot 2$
$= 87 \cdot (5 \cdot 2)$
$= 87 \cdot 10$
$= 870$

3 Denke an Rechenvorteile. Setze die Klammern und rechne aus.

a)	b)	c)	d)	e)
$20 \cdot 5 \cdot 17$	$2 \cdot 50 \cdot 79$	$12 \cdot 4 \cdot 50$	$11 \cdot 125 \cdot 4$	$250 \cdot 4 \cdot 7$
$18 \cdot 4 \cdot 25$	$13 \cdot 2 \cdot 50$	$10 \cdot 64 \cdot 2$	$250 \cdot 4 \cdot 43$	$11 \cdot 25 \cdot 8$
$27 \cdot 2 \cdot 5$	$17 \cdot 4 \cdot 25$	$4 \cdot 25 \cdot 39$	$23 \cdot 5 \cdot 6$	$25 \cdot 8 \cdot 7$

$25 \cdot 33 \cdot 4$
$= (25 \cdot 4) \cdot 33$
$= 100 \cdot 33$
$= 3300$

4 Fasse geschickt zusammen, du darfst auch tauschen.

a)	b)	c)	d)	e)
$2 \cdot 17 \cdot 5$	$37 \cdot 5 \cdot 2$	$19 \cdot 18 \cdot 0$	$5 \cdot 16 \cdot 2$	$4 \cdot 3 \cdot 7 \cdot 25$
$5 \cdot 27 \cdot 2$	$25 \cdot 9 \cdot 4$	$27 \cdot 25 \cdot 4$	$4 \cdot 21 \cdot 5$	$25 \cdot 9 \cdot 2 \cdot 2$
$9 \cdot 25 \cdot 4$	$20 \cdot 19 \cdot 5$	$250 \cdot 11 \cdot 4$	$2 \cdot 89 \cdot 5$	$9 \cdot 20 \cdot 5 \cdot 7$

Verteilungsgesetz

1 a) Petra kauft mit ihrer Freundin Karin Obstsäfte ein. Petra nimmt 3 Flaschen Orangensaft und 3 Flaschen Multivitaminsaft. Wie viel EUR muss Petra bezahlen?

Petra rechnet:
$3 \cdot 1{,}10$ EUR $+ 3 \cdot 1{,}80$ EUR $=$ ■ EUR

Karin rechnet:
$3 \cdot (1{,}10$ EUR $+ 1{,}80$ EUR$) =$ ■ EUR

Vergleiche beide Rechenwege miteinander.

b) Karin kauft 4 Flaschen Apfelsaft und 4 Flaschen Orangensaft. Suche zwei Lösungswege.

2 Dirk trainiert für die Bundesjugendspiele. Er läuft zu Beginn des Trainings fünfmal 400 m, später noch zweimal. Berechne die gesamte Laufstrecke auf zweierlei Weise.

Verteilungsgesetz (Distributivgesetz)

$$
\begin{aligned}
& 17 \cdot 3 + 17 \cdot 7 && 4 \cdot 25 + 3 \cdot 25 && 37 \cdot 98 \\
&= 17 \cdot (3 + 7) &&= (4 + 3) \cdot 25 &&= 37 \cdot (100 - 2) \\
&= 17 \cdot 10 &&= 7 \cdot 25 &&= 37 \cdot 100 - 37 \cdot 2 \\
&= 170 &&= 175 &&= 3700 - 74 \\
&&&&&= 3626
\end{aligned}
$$

3 Berechne mit dem Verteilungsgesetz.
a) $4 \cdot 197 + 4 \cdot 3$ b) $4 \cdot 191 + 4 \cdot 9$ c) $57 \cdot 24 - 57 \cdot 14$ d) $68 \cdot 39 - 68 \cdot 29$
  $6 \cdot 98 + 6 \cdot 2$ $8 \cdot 94 + 8 \cdot 6$ $88 \cdot 102 - 88 \cdot 2$ $8 \cdot 117 - 8 \cdot 17$
  $9 \cdot 96 + 9 \cdot 4$ $9 \cdot 192 + 9 \cdot 8$ $49 \cdot 13 - 49 \cdot 3$ $29 \cdot 109 - 29 \cdot 9$

4 Berechne im Kopf.
a) $13 \cdot 96 + 13 \cdot 4$ b) $30 \cdot 19 + 30 \cdot 11$ c) $37 \cdot 56 - 36 \cdot 56$ d) $103 \cdot 62 - 3 \cdot 62$
  $24 \cdot 7 + 24 \cdot 3$ $45 \cdot 8 + 45 \cdot 2$ $14 \cdot 28 - 4 \cdot 28$ $109 \cdot 51 - 9 \cdot 51$
  $58 \cdot 8 + 58 \cdot 2$ $89 \cdot 4 + 89 \cdot 6$ $16 \cdot 77 - 6 \cdot 77$ $38 \cdot 29 - 37 \cdot 29$

5 Zerlege geschickt nach dem Verteilungsgesetz und berechne dann.
a) $4 \cdot 26$ b) $3 \cdot 34$ c) $6 \cdot 93$ d) $7 \cdot 504$ e) $5 \cdot 311$
  $5 \cdot 37$ $4 \cdot 62$ $4 \cdot 74$ $6 \cdot 309$ $6 \cdot 407$
  $6 \cdot 82$ $5 \cdot 78$ $9 \cdot 53$ $8 \cdot 208$ $3 \cdot 512$

6 Rechne vorteilhaft.
a) $7 \cdot 49$ b) $4 \cdot 79$ c) $6 \cdot 199$ d) $4 \cdot 398$ e) $7 \cdot 194$
  $6 \cdot 69$ $6 \cdot 88$ $3 \cdot 299$ $5 \cdot 198$ $4 \cdot 892$
  $4 \cdot 29$ $7 \cdot 48$ $5 \cdot 499$ $6 \cdot 897$ $8 \cdot 391$

7 Für einen Klassenausflug hat jeder der 24 Jungen und Mädchen 9 EUR in die Klassenkasse eingezahlt. Der Lehrer sammelt noch 2 EUR von jedem Schüler ein. Wie viel Geld steht für den Klassenausflug zur Verfügung?

Vermischte Übungen

1 Denke an die Regeln: Punktrechnung vor Strichrechnung. Klammern zuerst berechnen.
a) 27 + 3 · 80
180 − 17 · 2
(88 + 12) · 34

b) 14 − (3 + 5)
20 + 60 : 5
(13 + 31) : 11

c) (3 + 8) · (16 − 9)
3 · 21 − 2 · 14
6 · 11 + 4 · 15

d) 42 : 7 + 3 · 6
6 · 5 + 9 · 6
320 : 4 + 180 : 6

2 a) 4 · 12 + 13 · 2
64 : 8 + 72 : 9
5 · 13 − 21

b) 120 : 3 − 2 · 16
4 · 9 + 28 : 2
620 − (13 + 24)

c) (90 − 36) : 3
90 − 36 : 3
60 : 12 + 25

d) 75 : 5 + 144 : 2
8 · 12 − 7 · 13
411 − (80 − 69)

L von Nr. 1 und 2: 4, 5, 6, 8, 16, 18, 24, 30, 32, 35, 44, 50, 74, 77, 78, 84, 87, 110, 126, 146, 267, 400, 583, 3400

3 Ordne den Aufgaben die richtigen Ergebnisse zu. Du erhältst ein Lösungswort.
a) (4 + 6) · (5 + 10)
4 + 6 · 5 + 10
(4 + 6) · 5 + 10
4 + 6 · (5 + 10)

b) (16 + 4) · (6 + 14)
16 + 4 · 6 + 14
(16 + 4) · 6 + 14
16 + 4 · (6 + 14)

c) (240 + 80) : (8 − 6)
240 + 80 : 8 − 6
(240 + 80) : 8 − 6
240 + 80 : (8 − 6)

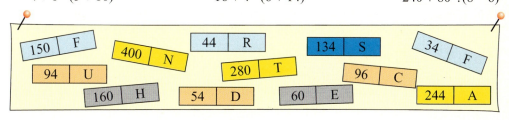

4 Bei richtiger Zuordnung erhältst du ein Lösungswort.
a) (60 − 36) : (6 − 2)
60 − 36 : 6 − 2
(60 − 36) : 6 − 2
60 − 36 : (6 − 2)

b) (10 · 4 + 3) · 5
10 · 4 + 3 · 5
10 · (4 + 3) · 5
10 · (4 + 3 · 5)

c) (5 · 6 − 2) · 3
5 · 6 − 2 · 3
5 · (6 − 2) · 3
5 · (6 − 2 · 3)

5 Die Klassen 5a (26 Schüler) und 5b (24 Schüler) machen gemeinsam einen Klassenausflug an die Nordseeküste. Jeder Schüler muss für die Busfahrt 12 EUR bezahlen. Berechne die Fahrtkosten.

6 Ein Langstreckenläufer läuft zu Beginn seines Trainings 26-mal die 400-m-Bahn des Stadions, später noch 14-mal. Berechne die gesamte Laufstrecke des Sportlers.

7 Frau Böckmann zahlt im Monat 435 EUR für die Miete und 80 EUR für die Heizung. Wie viel EUR muss sie in einem Jahr bezahlen?

8 Der Fahrer einer Getränkefirma liefert Säfte in Kisten zu je 24 Flaschen aus. Familie Grotelüschen erhält für ihre Party 6 Kisten, die Firma Gräper für ihre Betriebsfeier 13 Kisten und Familie Germar 1 Kiste. Wie viele Flaschen lieferte die Firma?

Schriftliches Multiplizieren

1 Die folgenden Aufgaben sind aus einem Mathematikbuch der 4. Klasse. Kannst du sie ausrechnen?

a) 1423·2 b) 9302·3
   2113·3   7205·4
   8112·3   6323·3
   2805·5   2801·5

2 Berechne im Kopf.

a) 2·7   b) 4·30   c) 6·70   d) 12·500   e) 11·700
   2·70   4·300   6·800   21·40   62·20
   2·700   4·3000   5·9000   32·300   12·6000

3 Erläutere die Rechenschritte.

2332·213

2332·200 → 466400
2332· 10 → 23320
2332· 3 → 6996

2332·213 → 496716

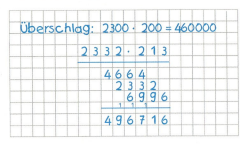

4 Berechne. Mache zunächst einen Überschlag.

a) 232·12   b) 5234·12   c) 4563·21   d) 3042·77   e) 1212·34
   343·22   4343·31   723·33   16103·66   3232·44
   222·44   111·88   369·66   4051·44   5656·55

L 2784, 7546, 9768, 9768, 23 859, 24 354, 41 208, 62 808, 95 823, 134 633, 142 208, 178 244, 234 234, 311 080, 1 062 798

5 a) 131·321   b) 131·123   c) 3211·321   d) 4122·321   e) 21212·33
      131·131   131·233   322·322   1212·621   244422·122
      131·231   211·144   222·444   2171·555   34343·55

L 16 113, 17 161, 30 261, 30 384, 30 523, 42 051, 98 568, 103 684, 699 996, 752 652, 1 030 731, 1 204 905, 1 323 162, 1 888 865, 29 819 484

6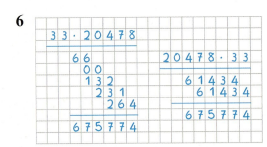

a) Vergleiche beide Rechenwege miteinander. Welcher ist einfacher? Warum?

b) 9·23068   c) 12·8945
   66·7076   2464·133

7 Berechne.

a) 345·24   b) 9·23068   c) 66·7076   d) 12·89456   e) 2464·135

Schriftliches Multiplizieren

8 Löse die Aufgaben möglichst vorteilhaft. Du erhältst bei jeder Aufgabe ein Lösungswort, wenn du beim Ergebnis die Ziffern durch die angegebenen Buchstaben ersetzt.

0	1	2	3	4	5	6	7	8	9
N	I	B	T	D	R	E	A	S	F

a) 4 · 67079
   20 · 28003
    6 · 145351

b) 118957 · 80
   623739 · 90
  2089049 · 40

c) 4645 · 18
   6667 · 54
  17605 · 32

d) 26173 · 320
   3869 · 216
    240 · 239

e) 2339 · 240
   2681 · 360
   3122 · 180

9 Wenn du die folgenden Aufgaben ausrechnest, erhältst du sehr auffallende Ergebnisse.

a) 481 · 273
   259 · 546
   273 · 777

b) 1929 · 64
   3367 · 99
   1626 · 41

c) 10631 · 72
   31893 · 24
  685871 · 18

d) 1716 · 259
   271 · 246
   643 · 192

e) 10201 · 121
   627 · 537
  2002 · 202

f) 99 · 3367
   1365 · 370
   1309 · 481

g) 35 · 10101
   8 · 12345679
   9 · 9739369

h) 481 · 462
   189 · 5291
   154 · 1313

i) 7777 · 2468
   231 · 962
   429 · 1036

j) 1386 · 481
   44 · 5102
   666 · 501

10 a) 425 · 37
     812 · 46
     348 · 29

b) 1007 · 749
   6034 · 205
   5108 · 134

c) 220 · 9407
   746 · 453
  6204 · 246

d) 3287 · 3006
   4386 · 315
   796 · 4008

e) 743 · 809
   4682 · 453
   6678 · 329

L 10 092, 15 725, 37 352, 337 938, 601 087, 684 472, 754 243, 1 236 970, 1 381 590, 1 526 184, 2 069 540, 2 120 946, 2 197 062, 3 190 368, 9 880 722

11 a) 1364 · 125
     7342 · 244
    34132 · 279

b) 2043 · 81
   9008 · 567
   4070 · 679

c) 909 · 718
   280 · 976
  1058 · 480

d) 3636 · 2507
   1818 · 2065
   5454 · 9003

e) 345 · 7724
   676 · 887
   824 · 987

L 165 483, 170 500, 273 280, 507 840, 599 612, 652 662, 813 288, 1 791 448, 2 664 780, 2 763 530, 3 754 170, 5 107 536, 9 115 452, 9 522 828, 49 102 362

12 Überprüfe die Ergebnisse. Die Kennbuchstaben ergeben ein Lösungswort, wenn du sie richtig zusammensetzt.

ⓐ	richtig	falsch
438 · 827 = 362 226	X	Z
697 · 970 = 676 190	E	A
568 · 298 = 169 364	U	I
1009 · 907 = 915 163	T	S

ⓑ	richtig	falsch
2098 · 7605 = 15 955 290	S	T
965 · 807 = 778 755	E	O
3108 · 978 = 3 039 524	B	A
888 · 678 = 602 164	R	N

ⓒ	richtig	falsch
555 · 789 = 437 995	R	S
2099 · 884 = 1 855 516	E	I
456 · 777 = 354 312	N	M
5890 · 605 = 3 563 550	S	R
3636 · 809 = 2 941 524	A	F

ⓓ	richtig	falsch
6658 · 7654 = 50 960 332	H	A
7089 · 3450 = 24 527 940	E	I
5678 · 2345 = 13 314 910	O	N
9080 · 9988 = 90 691 140	T	N
7777 · 3579 = 27 833 883	G	K

13 Übertrage die Rätsel in dein Heft und löse sie.

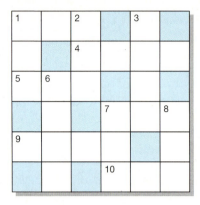 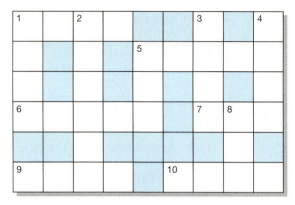

waagerecht	senkrecht	waagerecht	senkrecht
1. 31·12	1. 15·21	1. 97·12	1. 39·28
4. 84·88	2. 12·23	5. 103·900	2. 7627·81
5. 43·12	3. 137·36	6. 360·77	3. 431·18
7. 33·13	6. 86·13	7. 109·8	4. 78·14
9. 12·97	7. 28·16	9. 83·31	5. 36·25
10. 25·33	8. 15·61	10. 24·95	8. 12·59

14 Familie Rudloff muss monatlich 466 EUR Miete bezahlen. Außerdem bezahlt sie für Wasser- und Müllabfuhrgebühren vierteljährlich 164 EUR. Berechne die jährlichen Gesamtkosten.

15 a) Multipliziere die Summe der Zahlen 89 und 126 mit 35.
b) Multipliziere den Quotienten aus 270 und 3 mit 1234.
c) Subtrahiere von dem Produkt der Zahlen 64 und 56 die Summe der Zahlen 1238 und 2179.

16 a) Addiere die Zahl 1478 zu dem Produkt der Zahlen 83 und 29.
b) Subtrahiere von dem Produkt aus 23 und 32 den Quotienten aus 240 und 3.
c) Addiere zur Differenz der Zahlen 2156 und 1238 das Produkt aus 76 und 74.

17 Bestimme das Alter deiner Mitschülerin. Sie soll ihr Alter mit 259 multiplizieren, dann das Ergebnis mit 39. Hat deine Klassenkameradin richtig gerechnet, kannst du aus der Ergebniszahl leicht das Alter ablesen.

18 Sebastian fährt an 198 Tagen mit dem Bus zur Schule. Er wohnt 11 km vom Schulort entfernt. Wie viel Kilometer legt er jährlich mit dem Schulbus zurück?

19 Die längste Bratwurst der Welt stellten Metzger in Köln her. Sie verarbeiteten 2100 kg. 20 000 Portionen, jede 22 cm lang, wurden verspeist. Wie lang war die Wurst (in km)?

Sieben Heuhaufen und elf Heuhaufen werden zusammengetragen.
Wie viel Heuhaufen ergibt das?

Schriftliches Multiplizieren

20 In der Hotel-Pension „Wattkieker" sind im Ferienmonat Juli alle neun Einbettzimmer und 13 Zweibettzimmer ausgebucht. Ein Einzelzimmer kostet 45 EUR, ein Doppelzimmer 64 EUR. Berechne die Gesamteinnahmen für 31 Tage.

21 Multipliziere irgendeine dreistellige Zahl mit 7, das Produkt dann mit 11 und anschließend das Ergebnis mit 13. Was stellst du fest?

22 Multipliziere die Zahl 15873 mit einer Siebenerzahl, die kleiner als 70 ist. Du erhältst überraschende Ergebnisse.

23 Multipliziere jede der folgenden Zahlen mit sich selbst. Hast du richtig gerechnet, so kommen im Ergebnis alle Ziffern von 1 bis 9 vor.
  a) 11826   b) 22887   c) 25572   d) 23178   e) 19569
  f) 15681   g) 24441   h) 26733   i) 29034   k) 20316

24 In jedem Ergebnis kommen alle Ziffern von 1 bis 9 vor.
  a) 4252077·37   b) 81387·9043   c) 139068·3863   d) 74421·8269
  e) 6411024·72   f) 77823·8647   g) 47043·5227   h) 645777·593

25 Suche die fehlenden Ziffern.

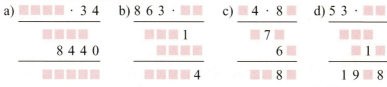

26 a) Dividiert man eine Zahl durch 125, so erhält man 125. Wie heißt die Zahl?
  b) Multipliziere die Differenz von 47619 und 31746 mit 14.
  c) Dividiert man eine Zahl durch 42, so erhält man 633 Rest 27. Wie heißt sie?
  d) Addiere zum Produkt der Zahlen 217 und 117 das Produkt aus 78 und 72.

27 Verteile die Zahlen so, dass das Produkt auf jeder Dreiecksseite die roten Zielzahlen ergibt.

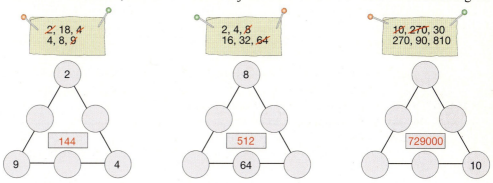

28 Multipliziere und du erhältst überraschende Ergebnisse.
  a) 5·7·39·370   b) 7·11·17·481   c) 14·33·481   d) 63·3·5291
  e) 101·154·13   f) 202·77·13·2   g) 39·154·37   h) 42·33·481

Wie viele Zahlwörter stecken in dem Satz: Ein Seehund reißt ganz weit das Maul auf, zeigt die Zähne und sagt: „Gute Nacht!"

Multiplizieren und Potenzieren

1 Jens will sparen und bittet seinen Vater, ihm dabei zu helfen. Er möchte sich ein Mountainbike zu 498 EUR kaufen. Jens macht seinem Vater einen Vorschlag. Der Vater freut sich über den bescheidenen Vorschlag und ist einverstanden.
Nach wie vielen Tagen kann sich Jens spätestens das neue Fahrrad kaufen?

2 Zeichne die Tabelle in dein Heft und ergänze sie.

	1. Tag	2. Tag	3. Tag	4. Tag	5. Tag	
Anzahl der Cent	2	2·2	2·2·2	2·2·2·2	2·2·2·2·2	
Summe der Cent	2	2 + 4	6 + 8	14 + 16	30 + 32	62 + ■

Potenz

Anstelle des Produktes $2 \cdot 2 \cdot 2 \cdot 2 \cdot 2$
schreibt man auch 2^5 (lies: 2 hoch 5).

$4 \cdot 4 \cdot 4 \cdot 4 \cdot 4 \cdot 4 = 4^6$ (lies: 4 hoch 6)

$11 \cdot 11 \cdot 11 = 11^3$
$135 \cdot 135 = 135^2$

Basis (Grundzahl) — Exponent (Hochzahl)

4^6 — Potenz

3 Schreibe die folgenden Produkte als Potenzen.
a) $2 \cdot 2 \cdot 2 \cdot 2 \cdot 2 \cdot 2$ b) $51 \cdot 51 \cdot 51 \cdot 51 \cdot 51$ c) $219 \cdot 219 \cdot 219 \cdot 219$ d) $12 \cdot 12 \cdot 12 \cdot 12$
$23 \cdot 23 \cdot 23 \cdot 23$ $112 \cdot 112 \cdot 112$ $8 \cdot 8 \cdot 8 \cdot 8 \cdot 8 \cdot 8 \cdot 8$ $9 \cdot 9 \cdot 9 \cdot 9 \cdot 9 \cdot 9$

4 Schreibe als Produkt und berechne.
a) 2^5 b) 7^2 c) 4^4 d) 10^5 e) 2^6 f) 10^4 g) 0^{10} h) 12^2
5^3 1^{13} 17^1 5^4 11^2 3^4 6^3 3^5

5 Wahr oder falsch?
a) $5^3 = 125$ b) $4^4 = 246$ c) $7^3 = 7 \cdot 7 \cdot 7$ d) $10^5 = 100\,000$ e) $1^{18} = 1$
$16^1 = 16$ $2^6 = 64$ $2^7 = 128$ $3^3 = 9$ $1^{10} = 10$

6 Schreibe als Potenz mit der Basis 10.
a) 100   b) 10 000   c) 1 000 000   d) 10 000 000 000   e) 10   f) 1000

Multiplizieren und Potenzieren

7 Wird eine Potenz größer oder kleiner, wenn du die beiden Zahlen vertauschts? Setze < oder > oder = ein.
a) $4^2 \;\blacksquare\; 2^4$ b) $2^3 \;\blacksquare\; 3^2$ c) $1^7 \;\blacksquare\; 7^1$ d) $5^1 \;\blacksquare\; 1^5$
e) $6^3 \;\blacksquare\; 3^6$ f) $2^6 \;\blacksquare\; 6^2$ g) $10^2 \;\blacksquare\; 2^{10}$ h) $4^3 \;\blacksquare\; 3^4$

8 Schreibe die folgenden Zahlen als Potenzen. Der Exponent soll 2 sein.
a) 9 b) 16 c) 49 d) 121 e) 81 f) 169 g) 225 h) 289

9 Schreibe die Zahlen als Potenzen. Wähle eine passende Basis.
a) 9, 81, 25, 100, 121 b) 8, 16, 32, 1000, 64 c) 49, 125, 144, 1 000 000

10 Die Basis beträgt 4, der Exponent 3. Berechne die Potenz.

11 Bestimme den Exponenten. a) $4^{\blacksquare} = 64$ b) $3^{\blacksquare} = 81$ c) $2^{\blacksquare} = 256$ d) $5^{\blacksquare} = 625$

12 Bestimme die Basis. a) $\blacksquare^4 = 16$ b) $\blacksquare^2 = 9$ c) $\blacksquare^3 = 64$ d) $\blacksquare^3 = 125$

13 Berechne die Quadratzahlen $1^2, 2^2, 3^2, \ldots 20^2$. Lerne sie auswendig.

14 a) Mit welcher Zahl muss man 4 potenzieren, um 256 zu erhalten?
b) Welche Zahl, mit 3 potenziert, ergibt 125?

15 Berechne: a) $3^3 \cdot 10$ b) $2^4 \cdot 8$ c) $4^2 \cdot 5$ d) $3^3 \cdot 4$ e) $10^2 \cdot 10$ f) $92 \cdot 1^5$
g) $71 \cdot 1^8$ h) $9 \cdot 2^3$ i) $2^2 \cdot 2$ j) $5^2 \cdot 6$ k) $7 \cdot 2^4$ l) $4^2 \cdot 3^2$

16 Nach der Befruchtung teilt sich die menschliche Eizelle. Bei der 1. Zellteilung werden aus einer zwei Zellen, bei der 2. Teilung aus zwei Zellen vier, später aus vier acht usw. Aus wie vielen Zellen besteht der menschliche Keim nach der 7. Zellteilung?

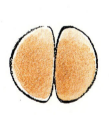 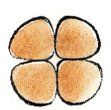  

17 a) Wie viele Eltern, Großeltern, Urgroßeltern, Ururgroßeltern hast du?
b) Wie viele Vorfahren waren es vor 10 Generationen?
c) Vor wie viel Jahren sind deine Ururgroßeltern ungefähr geboren, wenn zwischen der Geburt der Eltern und der Kinder etwa immer 30 Jahre liegen?

 In einer Schublade liegen 8 weiße, 5 blaue und 6 rote Strümpfe. Wie viele Strümpfe muss man im Dunkeln herausnehmen, um mit Sicherheit ein gleichfarbiges Paar zu haben?

1

Ein gesunder Laubbaum produziert in einer Stunde etwa 2 kg Sauerstoff. Ein Düsenflugzeug „frisst" je Stunde 3100 kg Sauerstoff. Wie viele solcher Laubbäume sind nötig, um den von einem Flugzeug verbrauchten Sauerstoff wieder zu erzeugen?

2

Aufgabe:	$732:6=\blacksquare$	$29960:70=\blacksquare$	$12462:31=\blacksquare$
Überschlag:	$720:6=120$	$28000:70=400$	$12000:30=400$

schriftliche Division:

$$732:6=122$$
$$\underline{6} \;\;\leftarrow \cdot 6$$
$$13$$
$$\underline{12} \;\;\leftarrow \cdot 6$$
$$12$$
$$\underline{12} \;\;\leftarrow \cdot 6$$
$$0$$

$$29960:70=428$$
$$\underline{280} \;\;\leftarrow \cdot 70$$
$$196$$
$$\underline{140} \;\;\leftarrow \cdot 70$$
$$560$$
$$\underline{560} \;\;\leftarrow \cdot 70$$
$$0$$

$$12462:31=402$$
$$\underline{124} \;\;\leftarrow \cdot 31$$
$$06$$
$$\underline{0} \;\;\leftarrow \cdot 31$$
$$62$$
$$\underline{62} \;\;\leftarrow \cdot 31$$
$$0$$

Probe:
$$\underline{122 \cdot 6}$$
$$732$$

$$\underline{428 \cdot 70}$$
$$29960$$

$$\underline{402 \cdot 31}$$
$$1206$$
$$\underline{\;\;\;\;402\;\;}$$
$$12462$$

3 Berechne wie in den Beispielen.
- a) 924 : 6
  702 : 6
  816 : 6
- b) 888 : 6
  931 : 7
  868 : 7
- c) 935 : 5
  1089 : 9
  1064 : 8
- d) 4995 : 5
  6312 : 8
  3195 : 9
- e) 39395 : 5
  54516 : 7
  79008 : 8

4 Achte auf die Null in den Ergebnissen.
- a) 4900 : 5
  6840 : 9
  5810 : 7
- b) 5120 : 8
  5220 : 9
  6504 : 6
- c) 14602 : 7
  28872 : 8
  52236 : 9
- d) 56064 : 8
  192480 : 8
  280560 : 7
- e) 211750 : 5
  484800 : 6
  638100 : 9

L 580, 640, 760, 830, 980, 1084, 2086, 3609, 5804, 7008, 24060, 40080, 42350, 70900, 80800

Schriftliches Dividieren

5 a) 2440 : 20 b) 1620 : 30 c) 2700 : 50 d) 18 480 : 80 e) 34 350 : 50
7120 : 20 2280 : 30 6150 : 50 12 160 : 80 21 360 : 40
9120 : 20 1120 : 40 9760 : 40 9 100 : 70 10 890 : 90

L 28, 54, 54, 76, 121, 122, 123, 130, 152, 231, 244, 356, 456, 534, 687

6 a) 2068 : 11 b) 3732 : 12 c) 1665 : 15 d) 4242 : 21 e) 3276 : 14
6105 : 11 3060 : 12 1722 : 14 4914 : 21 4995 : 15
2808 : 12 1469 : 13 6480 : 15 3379 : 31 4316 : 13

L 109, 111, 113, 123, 188, 202, 234, 234, 234, 255, 311, 332, 333, 432, 555

7 Aufgabe: 13 700 : 40 = ▨   32 708 : 61 = ▨

Überschlag: 12 000 : 40 = 300   30 000 : 60 = 500

schriftliche
Division: 13 700 : 40 = 342 + (20 : 40)   32 708 : 61 = 536 + (12 : 61)
$\quad$ 120 $\qquad\qquad\qquad\qquad$ 305
$\quad$ $\overline{170}$ $\qquad\qquad\qquad\qquad$ $\overline{220}$
$\quad$ $\underline{160}$ $\quad$ Rest $\qquad\qquad$ $\underline{183}$ $\quad$ Rest
$\qquad$ 100 $\qquad\qquad\qquad\qquad$ 378
$\qquad$ $\underline{80}$ $\qquad\qquad\qquad\qquad$ $\underline{366}$
$\qquad\quad$ 20 $\qquad\qquad\qquad\qquad\quad$ 12

Probe: 342 · 40   13680   536 · 61   32696
$\overline{13680}$ + 20 $\overline{3216}$ + 12
 $\overline{13700}$ 536 $\overline{32708}$
 $\overline{32696}$

Aufgabe mit
Ergebnis: 13 700 : 40 = 342 + (20 : 40)   32 708 : 61 = 536 + (12 : 61)
oder   oder
13 700 : 40 = 342 Rest 20   32 708 : 61 = 536 Rest 12

Berechne.
a) 233 : 5 b) 4444 : 9 c) 60 003 : 6 d) 2411 : 20 e) 6523 : 20
627 : 6 7823 : 8 8999 : 5 7535 : 20 9447 : 20
941 : 3 8181 : 7 7006 : 3 3664 : 30 1969 : 30

8 a) 8510 : 20 b) 14 500 : 30 c) 5542 : 30 d) 47 820 : 40 e) 12 000 : 70
7612 : 20 8680 : 30 3411 : 40 35 350 : 70 36 000 : 80
3364 : 30 8120 : 40 9632 : 20 60 012 : 20 75 350 : 50

L Es ist jeweils nur der Rest angegeben. 0, 0, 0, 0, 4, 10, 10, 10, 11, 12, 12, 12, 20, 22, 30

104 Schriftliches Dividieren

9 Zu jedem Rest gehört ein Buchstabe. Die Buchstaben ergeben in der Reihenfolge der Aufgaben einen Satz mit drei Wörtern.

E = 7	L = 5
I = 6	R = 3
A = 4	T = 10
H = 11	S = 2
C = 9	W = 8
D = 1	

a) 1660 : 7 b) 9048 : 20 c) 8288 : 11 d) 4692 : 21
   5890 : 9   7984 : 20   3103 : 12   17464 : 31
   3650 : 8   10593 : 30   7221 : 13   13836 : 62

10 Löse das Kreuzzahlenrätsel im Heft.

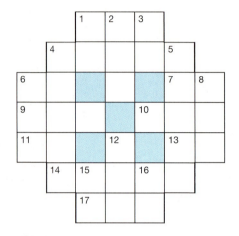

waagerecht
1. 1152 : 2
4. 181 · 175
6. 639 : 9
7. 136 : 4
9. 2360 : 5
10. 7616 : 8
11. 294 : 7
13. 168 : 6
14. 281 · 156
17. 1896 : 3

senkrecht
1. 4080 : 80
2. 15360 : 20
3. 6030 : 90
4. 1442 · 22
5. 1622 · 33
6. 22320 : 30
8. 17120 : 40
12. 3660 : 20
15. 2520 : 70
16. 1920 : 60

11 Jan legt mit seinem Freund während einer siebentägigen Ferienfahrt insgesamt 364 km mit dem Fahrrad zurück. Wie viel Kilometer haben sie täglich im Durchschnitt zurückgelegt?

12 Der ICE „Albrecht Dürer" benötigt für die Strecke Hamburg-Basel (875 km) 7 Stunden. Wie viel Kilometer fährt der Zug pro Stunde?

13 Den größten Eisenbahnhof der Welt in New York (USA) befahren im Durchschnitt 16500 Züge im Monat (30 Tage), und 5400000 Fahrgäste benutzen ihn monatlich. Wie viele Züge und wie viele Fahrgäste sind es im Durchschnitt pro Tag?

14 Der 552 m hohe Fernmeldeturm in Toronto (Kanada) ist der höchste Turm der Welt. Wie viele Schulen von etwa 12 m Höhe müsste man aufeinanderstellen, um diese Höhe zu erreichen?

15 Der Petronas Tower in Kuala Lumpur, Malaysia, ist 452 m hoch. Seine 90 Stockwerke haben 13500 Fenster.
a) Wie viele Fenster hat jedes Stockwerk im Durchschnitt?
b) Ein Fensterputzer benötigt für jedes Fenster im Durchschnitt eine Minute. Wie viele Stunden nimmt die Arbeit in Anspruch?

In einer Familie sind Vater, Mutter und Tochter zusammen 120 Jahre alt. Der Vater ist dreimal so alt wie die Tochter und ebenso alt wie Mutter und Tochter zusammen. Wie alt ist jeder?

Übungen zu den vier Grundrechenarten

1
a) $94 - 4 \cdot 12$
   $46 + 17 \cdot 5$
   $83 - 36 : 4$

b) $9 \cdot 8 + 47$
   $32 : 4 + 19$
   $77 : 11 - 7$

c) $13 \cdot 5 + 7 \cdot 9$
   $36 : 3 + 8 \cdot 6$
   $13 \cdot 4 + 48$

d) $54 : 6 + 17 \cdot 3$
   $15 \cdot 5 + 65 : 5$
   $12 \cdot 8 + 54 : 9$

e) $24 + 24 : (12 - 4)$
   $36 + 48 : (2 + 10)$
   $87 + 25 \cdot (81 - 77)$

L 0, 27, 27, 40, 46, 60, 60, 74, 88, 100, 102, 119, 128, 131, 187

2 Überprüfe die Ergebnisse. Die Kennbuchstaben der richtigen Antworten ergeben von oben nach unten gelesen ein Lösungswort.

ⓐ	richtig	falsch
$72 : 8 + 3 \cdot 5 = 24$	K	T
$4 \cdot 5 + 7 \cdot 3 = 41$	L	R
$13 \cdot 4 + 19 = 81$	E	A
$200 - 5 \cdot 16 = 120$	S	T
$22 \cdot 2 + 22 : 2 = 56$	R	S
$100 - 4 \cdot 18 = 28$	E	I

ⓑ	richtig	falsch
$81 + 12 \cdot 6 = 153$	P	K
$65 + 35 \cdot 4 = 215$	R	H
$99 - 54 : 9 = 93$	Y	A
$56 - 9 \cdot 4 = 10$	N	S
$7 \cdot 6 + 8 \cdot 6 = 90$	I	O
$9 \cdot 8 + 8 \cdot 8 = 126$	S	K

3
a) Bestimme bei diesem Zahlenturm immer die Summe zwischen zwei benachbarten Zahlen und schreibe sie in das Feld darüber. Die oberste Zahl besteht nur aus gleichen Ziffern.

b) Subtrahiere bei diesem Zahlenturm von zwei benachbarten Zahlen immer die kleinere von der größeren. Die oberste Zahl besteht nur aus gleichen Ziffern.

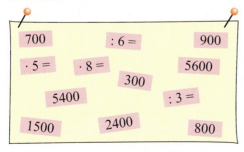
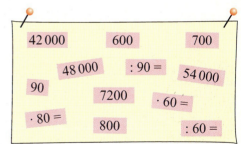

4 Setze aus den Angaben in den Kästen passende Aufgaben zusammen und schreibe sie in dein Heft.

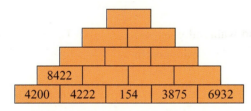
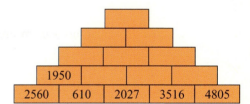

5 Addiere die beiden Ergebnisse. Was stellst du fest?
a) $48 \cdot 333$
   $52 \cdot 333$

b) $17 \cdot 555$
   $83 \cdot 555$

c) $7 \cdot 612$
   $93 \cdot 612$

d) $761 \cdot 28$
   $72 \cdot 761$

e) $982 \cdot 522$
   $18 \cdot 522$

In einem Stall sind Kaninchen und Hühner. Sie haben zusammen 24 Köpfe und 68 Füße. Wie viele Kaninchen sind es?

Übungen zu den vier Grundrechenarten

6 Ordne der Größe nach und das Lösungswort sagt, was du beim Rechnen nie vergessen sollst.

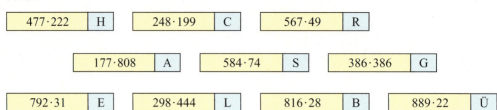

477·222	H	248·199	C	567·49	R
177·808	A	584·74	S	386·386	G
792·31	E	298·444	L	816·28	B	889·22	Ü

7 Das Ergebnis jeder Aufgabe führt dich zur nächsten Aufgabe. Zum Schluss erhältst du eine runde Zahl.

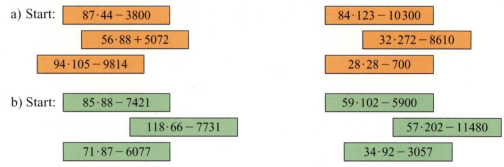

a) Start: 87·44 − 3800
56·88 + 5072
94·105 − 9814

84·123 − 10300
32·272 − 8610
28·28 − 700

b) Start: 85·88 − 7421
118·66 − 7731
71·87 − 6077

59·102 − 5900
57·202 − 11480
34·92 − 3057

8 Löse die Rätsel im Heft.

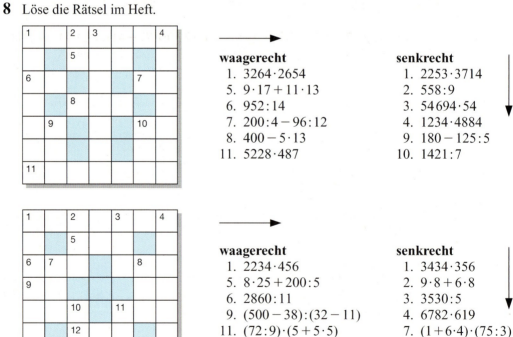

waagerecht
1. 3264·2654
5. 9·17 + 11·13
6. 952:14
7. 200:4 − 96:12
8. 400 − 5·13
11. 5228·487

senkrecht
1. 2253·3714
2. 558:9
3. 54694·54
4. 1234·4884
9. 180 − 125:5
10. 1421:7

waagerecht
1. 2234·456
5. 8·25 + 200:5
6. 2860:11
9. (500 − 38):(32 − 11)
11. (72:9)·(5 + 5·5)
12. 11·19 + 83
13. 7132·624

senkrecht
1. 3434·356
2. 9·8 + 6·8
3. 3530:5
4. 6782·619
7. (1 + 6·4)·(75:3)
8. (25 + 7)·3 + 18
10. 320:4 + 9·5

So viele Geschwister!
Hans hat viele Geschwister. Seine Eltern haben drei Söhne (Hans mitgezählt). Jeder der Söhne hat drei Schwestern. Wie viele Geschwister hat Hans?

Übungen zu den vier Grundrechenarten

9 a) Axel kauft von jeder Sondermarke mit Zuschlag drei Stück. Wie viel muss er bezahlen? Rechne auf zweierlei Weise.

b) Jedes Streichholz ist 3,5 cm lang. Kannst du mit allen Streichhölzern eine Strecke von über 10 m legen?

10 Hier sind nur die Ergebnisse von Divisionsaufgaben stehengeblieben. Findest du die Aufgaben wieder?

$= 2028 + (9:12)$ $\qquad = 807 + (51:70)$ $\qquad = 287 + (11:13)$

$= 1163 + (18:30)$ $\qquad = 8067 + (21:40)$

11 a) $15 + (60 - 36) : 12$ b) $(86 - 12 \cdot 6) - 13$ c) $(72 + 48) : 12 + 28$ d) $(12 \cdot 7) : (90 : 15)$
 $15 + 60 - 36 : 12$ $86 - 12 \cdot 6 - 13$ $72 + 48 : 12 + 28$ $(25 + 35) : (100 - 85)$

 e) $84 - 6 \cdot 7 - 6 \cdot 7$ f) $90 + (96 - 48) : 12$ g) $(77 - 41) : 18 + 44$ h) $(100 : 25) \cdot (96 + 84)$
 $71 - 3 \cdot 8 - 3 \cdot 8$ $90 + 96 - 48 : 12$ $100 - (5 \cdot 9 + 9 \cdot 6)$ $(96 - 16) : (2 \cdot 2 \cdot 2 \cdot 2)$

12

4	·	■	=	48		■	:	540	=	560		■	:	9	=	25
·		·		·		:		:		:		·		·		·
■	·		=	■		630	:	■	=	■		15	:	■	=	■
=		=		=		=		=		=		=		=		=
■	·	72	=	2016		■	:	■	=	8		■	:	45	=	■

13 Von drei Brüdern hatte der jüngste 6,85 EUR in der Sparbüchse, der älteste fünfmal so viel und der dritte Bruder dreimal so viel wie der jüngste und noch 0,50 EUR. Wie viel Geld hatten sie zusammen?

14 Die Klasse 5a fährt für vier Tage in ein Schullandheim. Für Fahrt, Unterkunft und Verpflegung müssen insgesamt 1512 EUR überwiesen werden. Welchen Betrag muss jeder der 13 Mädchen und 11 Jungen bezahlen?

15 Die Klasse 5c plant einen Ausflug nach Walsrode. Jeder der 26 Schüler muss 9 EUR für die Busfahrt bezahlen. Am Ausflugstag fehlten jedoch zwei Schüler. Welchen Betrag muss jetzt jeder bezahlen? Der Buspreis bleibt gleich hoch.

16 Bei einer Klassenfahrt kostet die Busfahrt 8,50 EUR pro Schüler, wenn 24 Schüler mitfahren. Es fährt ein weiterer Schüler mit. Wie teuer wird es dann für jeden, wenn der Buspreis gleich hoch bleibt?

17 a) Kannst du bis 800 Milliarden zählen, wenn du jede Minute deines Lebens 100 weiter zählst?
b) Wie weit bist du nach 80 Jahren?
c) Wie viele Jahre müsstest du leben?

18 a) $(42 + 85 \cdot 14) : 22 + (20 + 2460 : 12) : 15$
b) $(35 \cdot 48 - 32 \cdot 24) : 304 + (256 : 16 - 8) \cdot 508 - 82 \cdot 7$
c) $(208 \cdot 25 - 1418) : 62 + (867 + 16 \cdot 125) : 61 - (802 - 794) \cdot (237 - 75 \cdot 3)$

19 a) $(35 + 14 \cdot 65) : 21 - (1141 + 45 \cdot 23) : 64$
b) $(435 - 21 \cdot 19) \cdot (312 : 12 - 216 : 36) - (28 \cdot 14 - 320) \cdot (728 : 13 - 816 : 17)$
c) $(16 \cdot 125 + 867) : 61 + (209 \cdot 25 - 1443) : 62 + (701 - 693) \cdot (287 - 75 \cdot 2)$

20 Rechne zuerst die innere (runde) Klammer aus, dann die äußere [eckige] Klammer.

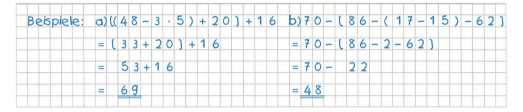

a) $100 - [200 - (80 + 11) - 99] \cdot 3$
$204 + [38 + (100 - 91) + 29] \cdot 2$
$[800 - (1000 - 250) - (40 - 11)] + 56$
$24 + [(720 - 580) - (980 - 850)] + 42 \cdot 3$
$88 - [240 - (360 - 190)] + 210 : 5$

b) $[140 - (27 - 15) \cdot 5] + 114$
$(635 - 125) - [(25 + 35) - 30 : 5]$
$[(8 \cdot 7 + 44) : 10 + (64 - 4 \cdot 16)] - (88 - 79)$
$[(36 - 4 \cdot 6) + 84] + [(88 + 47) - 50] + 26$
$3 \cdot [(112 - 98) : 2 + (22 + 38) : 5]$

21 a) $[(325 + 175 - 432) \cdot 21 - (999 - 42 \cdot 21)] \cdot (289 - 24 \cdot 11)$
b) $100\,000 - [2000 - (36 + 18 \cdot 36)] \cdot (64 \cdot 25 - 240 \cdot 5) : 8$
c) $[(29 \cdot 5 - 8 \cdot 17) \cdot (545 - 419) + 168] : 21$
d) $[(279 - 144) : 15 + (47 \cdot 188 - 95)] : 250$

22 Claudia ist 20 Jahre alt und sie wäre doppelt so alt wie ihre Schwester Karin, wenn diese 1 Jahr jünger wäre. Wie alt ist Karin?

23 Suche eine Zahl, die man durch alle Zahlen von 1 bis 10 dividieren kann.

24 a) Addiere zur 12fachen Differenz von 450 und 128 das Produkt der Zahlen 25 und 12.
b) Dividiere die Summe von 24 000 und 8000 durch den Quotienten von 16 000 und 20.
c) Multipliziere die Summe aus 769 und 465 mit dem Quotienten aus 1173 und 51. Subtrahiere dann vom Ergebnis die Zahl 8382.

25 Wer knackt die Nuss?

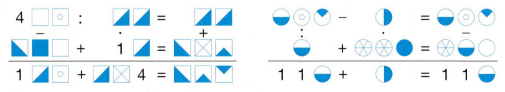

Kopfrechentraining

Du musst mit dem Teilergebnis weiterrechnen.

9
9·8=72
72:2=36
36:9=4
4·7=28
28·2=56
56:8=7
7·5=35
35:7=5

1
9
·11
−33
:6
·4
−26
:3
·12
:8

2
8
·5
+16
:8
·7
−17
:4
·7
:8

3
35
+7
:6
·9
+18
:9
·5
−36
·6

4
6
·3
:9
·8
:2
·9
:8
·7
:9

5
36
·2
:8
+23
·3
:32
+27
:5
·7

6
8
·9
:2
·4
·7
−9
:6
·3
·2

7
56
:7
·4
+17
:7
·8
−16
:5
·8

8
35
:5
·8
:2
:7
·9
·2
:8
·3

9
42
−18
:3
·9
−9
:9
·8
−7
:7

10
6
·7
−15
:3
·4
+36
:8
·6
−27

11
8
·4
+16
:8
·6
:4
·3
+27
:6

12
7
·8
:2
:7
·20
:2
·5
·7
:4

13
9
+36
:5
·9
−18
:9
·6
−7
:5

5 Rechnen mit Größen

1 So sieht das offizielle Zeichen für den Euro aus.

Am **1. Januar 2002** haben zwölf europäische Länder das neue Bargeld eingeführt.

Ergänze die Tabelle in deinem Heft.

Länder	bisherige Währung
Belgien	Franc
Deutschland	Mark
Finnland	Markka
Frankreich	Franc
Irland	Pfund

2 a)

Betrachte die Bauwerke auf den Vorder- und Rückseiten der einzelnen Euro-Banknoten. Was fällt dir auf?

b)

Auf der Rückseite der acht Euro-Münzen findest du nationale Zeichen.

In der Abbildung siehst du drei dieser Symbole. Welches Land wird durch sie jeweils dargestellt?

Die Einheit des Geldwertes ist in der europäischen Währungsunion ein Euro.

1 Euro (EUR) = 100 Cent

5 **EUR**
Zahlenwert Einheit

Größe

---

3 Wandle in die in Klammern angegebene Einheit um.
   a) 2 EUR (Cent)   b) 17 EUR (Cent)   c) 300 Cent (EUR)   d) 13 000 Cent (EUR)
      5 EUR (Cent)   83 EUR (Cent)   600 Cent (EUR)   29 000 Cent (EUR)

4 Zerlege in EUR und Cent.   3,58 EUR = 3 EUR 58 Cent.

   a) 4,20 EUR   b) 7,87 EUR   c) 7,05 EUR   d) 89,04 EUR   e) 197,05 EUR
      5,45 EUR   0,27 EUR   27,63 EUR   500,00 EUR   6907,67 EUR

5 Gib als EUR in Kommaschreibweise an.   7 EUR 85 Cent = 7,85 EUR.

   a) 1 EUR 50 Cent b) 4 EUR 50 Cent   c) 2 EUR 3 Cent   d) 9 Cent   e) 666 Cent
      3 EUR 35 Cent   35 EUR 11 Cent   99 EUR 7 Cent   47 Cent   2 004 Cent
      6 EUR 5 Cent   220 EUR 75 Cent   227 EUR 6 Cent   120 Cent   40 080 Cent

Geld addieren und subtrahieren

1 Auf dem Wochenmarkt kauft Volker 1 kg Birnen, $\frac{1}{2}$ kg Tomaten, 1 kg Bananen, 8 Apfelsinen und 200 g Haselnüsse. Der Händler addiert und verlangt 9,70 EUR. Volker rechnet nach.

2,30 EUR + 67 Cent = ▇   451 Cent − 2,67 EUR = ▇

1. Wandle in die gleiche Einheit um.
2. Schreibe Komma unter Komma und rechne aus.

```
 2,30 EUR + 0,67 EUR         4,51 EUR − 2,67 EUR

   2,30 EUR                    4,51 EUR
 + 0,67 EUR                  − 2,67 EUR
 ─────────                    ─────────
   2,97 EUR                    1,84 EUR
```

2 Sven behauptet: „Ich kann die Aufgaben im Kasten auch ganz ohne Komma rechnen!"

> Bei den Lösungszahlen fehlen die Einheiten.

3 Schreibe untereinander und rechne aus.
a) 82 Cent + 4,48 EUR   b) 719 Cent + 5,23 EUR   c) 282 Cent + 4,48 EUR + 33,25 EUR
   24 Cent + 3,78 EUR   83,07 EUR + 760 Cent   47 Cent + 9,09 EUR + 98,74 EUR
   0,94 EUR + 268 Cent   30,01 EUR + 323 Cent   234,99 EUR + 39 Cent + 68,38 EUR

L 3,62; 4,02; 5,30; 12,42; 33,24; 40,55; 90,67; 108,30; 303,76

4 a) 47,50 EUR − 347 Cent   b) 69,12 EUR − 3,25 EUR   c) 53,09 EUR − 0,09 EUR
   12 300 Cent − 56,12 EUR   589,70 EUR − 321,74 EUR   10 000 Cent − 58,62 EUR
   543,78 EUR − 26 217 Cent   756 EUR − 59,61 EUR   1000 EUR − 9929 Cent

L 41,38; 53; 44,03; 65,87; 66,88; 900,71; 267,96; 281,61; 696,39

5 a) 47,50 EUR − 356 Cent − 2,54 EUR   b) 38 EUR 12 Cent − 3,25 EUR
   123 EUR − 56 EUR 12 Cent − 38,45 EUR   589,70 EUR − 177,23 EUR
   543,78 EUR − 262 EUR 17 Cent − 93 EUR   756,32 EUR − 59,61 EUR

L 28,43; 41,40; 34,87; 188,61; 412,47; 696,71

6 Philipp kauft Ersatzteile für seine Eisenbahn: einen Schalter für 2,75 EUR, ein Signal für 12,30 EUR und ein Haus für 7,25 EUR. Er will mit einem 20-EUR-Schein bezahlen. Reicht sein Geld? Schätze zuerst.

Geld multiplizieren und dividieren

1

Für das Klassenfest wollen Vanessa und Maximilian die Getränke besorgen.
Wie viel EUR muss Vanessa für acht Flaschen bezahlen? Wie viel EUR wird Maximilian für eine Flasche bezahlen, wenn eine Kiste zwölf Flaschen enthält?

2 Lisa hat Geburtstag und kauft eine Kiste Orangen für ihre Klasse. Sie bezahlt 7,50 EUR. Eine Orange kostet 0,30 EUR. Wie viele Früchte kann sie verteilen?

22,80 EUR · 8 =
2280 Cent · 8
18 240 Cent
= 182,40 EUR

3 Multipliziere.

a) 5,70 EUR · 4	b) 9,60 EUR · 6	c) 8,25 EUR · 15	d) 13,50 EUR · 25
0,99 EUR · 5	6,80 EUR · 4	0,37 EUR · 12	23,07 EUR · 33
8,36 EUR · 7	17,60 EUR · 8	22,17 EUR · 10	35,20 EUR · 45

L 4,44; 4,95; 22,80; 27,20; 57,60; 58,52; 123,75; 140,80; 221,70; 337,50; 761,31; 1584,00

---

1. Wandle in die kleinere Einheit um.

2. Rechne aus.

3. Wandle dein Ergebnis in die nächstgrößere Einheit um.

22,80 EUR : 8 =
2280 Cent : 8 = 285 Cent
16   = 2,85 EUR
 68
 64
  40
  40
   0

4

13 EUR : 4 =
1300 Cent : 4 = 325 Cent
12   = 3,25 EUR
 10
  8
  20
  20
   0

a) 7,60 EUR : 4	b) 9 EUR : 6	c) 2,80 EUR : 7
5,40 EUR : 6	12 EUR : 8	3,50 EUR : 5
19,60 EUR : 8	25 EUR : 4	4,80 EUR : 6

d) 0,64 EUR : 4	e) 20 EUR : 16	f) 103,50 EUR : 30
0,81 EUR : 3	41 EUR : 25	160,50 EUR : 50
0,48 EUR : 3	33,60 EUR : 14	204,30 EUR : 45

L 0,16; 0,16; 0,27; 0,40; 0,70; 0,80; 0,90; 1,25; 1,50; 1,50; 1,64; 1,90; 2,40; 2,45; 3,21; 3,45; 4,54; 6,25

5 Wie oft ist der kleinere Geldbetrag in dem größeren enthalten?

4,20 EUR : 0,70 EUR =
420 Cent : 70 Cent = 6

a) 8,40 EUR : 70 Cent	b) 6,80 EUR : 0,40 EUR
40,80 EUR : 80 Cent	4,41 EUR : 0,21 EUR
32,40 EUR : 60 Cent	4,80 EUR : 0,60 EUR

L 8; 12; 17; 21; 51; 54

Sachrechnen mit Geld

1 Frau Herweg organisiert in den Pausen den Milchverkauf. Eine Palette mit 20 Tüten Milch kostet 3,60 EUR. Eine Tüte Kakao muss sie mit 0,26 EUR einkaufen.
a) Wie teuer ist eine Tüte Milch?
b) Berechne den Preis für eine Palette mit 20 Tüten Kakao.

2 Ein Kegelklub hat 17 314 EUR im Lotto gewonnen. Der Gewinn wird gleichmäßig auf die 22 Mitglieder aufgeteilt. Wie viel EUR erhält jeder?

3 Jessica kauft mit ihrem Bruder Christian Unterrichtsmaterialien ein: 12 Schreibhefte zu je 0,55 EUR; 2 Geodreiecke zu je 0,70 EUR; 12 Buchschutzhüllen zu je 0,17 EUR; 2 Bleistifte zu je 0,50 EUR; 2 Radiergummis zu je 0,85 EUR und ein Tintenfass zu 2,35 EUR. Berechne den Gesamtpreis.

4 Daniel kauft für seine Klasse Eintrittskarten zu einem Fußballländerspiel der deutschen Schülerauswahl. Eine Karte kostet 9 EUR. Er bezahlt insgesamt 216 EUR. Wie viele Schülerinnen und Schüler fahren aus der Klasse mit?

5 Frau Kilinc bestellt für ihren Kiosk 36 Flaschen Orangensaft zu 0,70 EUR; 24 Flaschen Grapefruit zu 0,75 EUR und 18 Flaschen Johannisbeersaft zu 0,95 EUR. Für die Anlieferung der Flaschen muss sie 6,65 EUR Fracht bezahlen.
a) Wie viel EUR muss sie insgesamt zahlen?
b) Im 20 km entfernten Getränkehandel bezahlt sie je Flasche für die erste Sorte 0,13 EUR weniger, für die zweite 0,02 EUR mehr und für die dritte 0,20 EUR weniger. Für die eigene Fahrt rechnet sie 0,33 EUR je Kilometer einfache Fahrt. Wo kauft sie insgesamt billiger ein?

6

Zusatzmaterial	
Sortiment Korken	2,40 EUR
Reagenzglashalter	0,85 EUR
Sortiment Glasrohre	7,80 EUR
Probiergläser	2,30 EUR
Grundchemikalien	7,50 EUR
Sortiment Experimentiergerät	9,10 EUR
Experimentierbuch	4,55 EUR
Reagenzglasständer	10,95 EUR

Alexander und Katharina machen gerne chemische Experimente. Sie wollen sich den Grundkasten und das Zusatzmaterial kaufen. Auf ihren Sparbüchern haben sie 85 EUR. Reicht das Geld?

7 Die Schüler einer 5. Klasse richten eine Klassenkasse ein. Jeder Schüler zahlt 1,50 EUR ein. Am Ende des Monats sind 37,50 EUR in der Klassenkasse. Wie viele Schüler haben eingezahlt?

8 Bei einem Weihnachtsbasar zugunsten des Tierheimes veranstaltet die 5. Klasse eine Tombola. Aus Werbegründen verkaufen sie jedes Los für 47 Cent, natürlich in der Hoffnung, für jedes Los eine 50-Cent-Münze zu bekommen. In der 1. Stunde werden 105, in der 2. Stunde 230 und in der 3. Stunde 245 Lose verkauft. Wie hoch sind die Gesamteinnahmen, wenn bei jedem 2. Los 3 Cent gespendet werden?

Vom Wiegen

a) Ordne die Gewichte den Gegenständen zu: 1 t, 700 mg, 1 kg, 8 g, 14 kg, 8 g, 38 t, 1,5 g.
b) In welcher Einheit werden gewogen: Kohle, Lastkraftwagen, Brief, Heftseite, Obst, Sand, Kartoffeln, Mineralbestandteile im Sprudel.
c) Schätze das Gewicht folgender Gegenstände und überprüfe es: Mathematikbuch, Radiergummi, Atlas, Heft, Füllfederhalter, Turnschuh.

Das Urkilogramm dient als Vergleichskörper. Es wird in Paris aufbewahrt.

Wir messen die Masse eines Körpers in Tonnen (t), Kilogramm (kg), Gramm (g) und Milligramm (mg). Im Alltag ist der Begriff Gewicht anstelle von Masse gebräuchlich. Dabei hat man festgelegt: Ein Liter Wasser hat das Gewicht 1 kg.

1 t = 1000 kg
1 kg = 1000 g
1 g = 1000 mg

3 kg
Zahlenwert Einheit
Größe

2 Wandle in die angegebene Einheit um.
a) 5 000 g (kg)   b) 12 000 mg (g)   c) 2 kg (g)   d) 95 g (mg)   e) 237 t (kg)
   70 000 g (kg)   73 000 mg (g)   15 kg (g)   87 kg (g)   17 g (mg)
   30 000 kg (t)   570 000 kg (t)   97 kg (g)   15 t (kg)   35 kg (g)
   40 000 mg (g)   55 000 g (kg)   71 kg (g)   31 g (mg)   12 t (kg)

3 a) 90 g (mg)   b) 300 kg (g)   c) 12 000 kg (t)   d) 5 g (mg)   e) 97 000 g (kg)
   6 000 kg (t)   12 t (kg)   70 000 mg (g)   82 t (kg)   155 t (kg)
   10 000 mg (g)   50 g (mg)   730 g (mg)   87 000 kg (t)   2 000 g (kg)
   65 t (kg)   46 kg (g)   840 t (kg)   2 000 mg (g)   716 kg (g)

4 a) 74 t (kg)   b) 37 g (mg)   c) 367 kg (g)   d) 77 t (kg)   e) 44 g (mg)
   31 t (kg)   5 023 t (kg)   9 999 g (mg)   55 031 g (mg)   4 500 t (kg)
   55 000 mg (g)   654 000 g (kg)   478 t (kg)   335 kg (g)   6 460 t (kg)
   12 000 kg (t)   48 000 mg (g)   66 kg (g)   34 000 kg (t)   72 g (mg)

5 Auf vielen Verpackungen oder Behältern (Mineralwasserflaschen, Arzneiverpackungen, Container und ähnliches) kannst du Gewichtsangaben in Milligramm, Gramm, Kilogramm oder Tonnen lesen. Versuche möglichst unterschiedliche Angaben zu finden. Notiere deine Beispiele.

Gewichte umwandeln

6

t			kg			g			mg		
H	Z	E	H	Z	E	H	Z	E	H	Z	E
					3	4	3	5	0	0	0
				6	0	4	4	0	0	0	
			2	2	0	0	1	0	0	0	
							7	1	1		
			6	5	3	1					

Beispiele

| 3 kg 435 g = 3,435 kg |
| 6 kg 44 g = 6,044 kg |
| 22 kg 1 g = 22,001 kg |
| 711 mg = 0,711 g |
| 6531 kg = 6,531 t |

Gib in Kommaschreibweise an. Benutze dazu die Tabelle.
a) 4 t   700 kg   b) 5 kg 500 g   c) 45 g 351 mg   d) 95 kg 17 g   e) 79 kg 8 g
   36 t 6000 kg   37 kg 980 g   7 g 70 mg   181 g 81 mg   375 t 90 kg
   2 t 3000 kg   21 g 120 mg   23 kg 50 g   8 kg 8 g   657 g 5 mg

7 Verwandle in die nächstgrößere Einheit.
a) 1250 mg   b) 3456 g   c) 3210 kg   d) 4000 mg   e) 48 947 g
   45 mg   32 g   54 001 kg   76 000 kg   93 201 kg
   3 mg   987 g   984 kg   125 020 g   200 500 mg

8 Schreibe mit Komma.
a) 1320 kg (t)   b) 128 g (kg)   c) 520 kg (t)   d) 17 g (kg)   e) 2 kg (t)
   800 kg (t)   80 g (kg)   99 kg (t)   13 mg (g)   14 g (kg)
   200 kg (t)   25 g (kg)   23 kg (t)   36 kg (t)   1 mg (g)

L 0,001; 0,002; 0,013; 0,014; 0,017; 0,023; 0,025; 0,036; 0,080; 0,099; 0,128; 0,200; 0,520; 0,800; 1,320

9 Wandle um.
a) 230 g (kg)   b) 258 mg (g)   c) 7381 mg (g)   d) 7 mg (g)   e) 8 g (kg)
   177 kg (t)   37 g (kg)   3456 g (kg)   36 g (kg)   17 kg (t)
   599 mg (g)   444 kg (t)   6860 g (kg)   371 kg (t)   56 mg (g)

10 Vergleiche die Gewichte und setze das richtige Zeichen (>, <, =)
a) 2 500 g ■ 2 kg 50 g   b) 19 g ■ 1900 mg   c) 70 kg ■ 0,700 t
    7 t ■ 7000 kg   9000 g ■ 0,900 kg   0,110 t ■ 1100 kg
    23,500 kg ■ 23 050 g   7 kg 5 g ■ 7050 g   62 kg ■ 0,620 t

11 Ordne die Tiere nach ihrem Gewicht:
Gorilla   275 kg   Hund   35 kg   Kolibri   2 g   Elefant   5 t
Katze   5 kg   Bachstelze   14 g   Giraffe 1200 kg   Mücke   0,500 g
Blauwal   170 t   Blauwalbaby 2,500 t   Pinguin   30 kg   Pferd   500 kg

12 Wandle um:

| 1 kg = 1000 g |
| $\frac{1}{2}$ kg = 500 g |
| $\frac{1}{4}$ kg = 250 g |
| $\frac{3}{4}$ kg = 750 g |

a) in g: $\frac{1}{4}$ kg $\frac{1}{2}$ kg $\frac{3}{4}$ kg $1\frac{1}{2}$ kg $2\frac{1}{4}$ kg $3\frac{1}{2}$ kg $6\frac{3}{4}$ kg

b) in kg: $\frac{1}{2}$ t $\frac{1}{4}$ t $1\frac{1}{4}$ t $\frac{3}{4}$ t $2\frac{1}{2}$ t $3\frac{1}{4}$ t $4\frac{1}{4}$ t $5\frac{3}{4}$ t

c) in mg: $1\frac{1}{4}$ g $2\frac{1}{2}$ g $\frac{3}{4}$ g $3\frac{3}{4}$ g $4\frac{1}{2}$ g $5\frac{1}{4}$ g $\frac{1}{2}$ g

d) in kg: 250 g 100 g 750 g 125 g 1500 g 2250 g

Gewichte addieren und subtrahieren

1 a) Lisa packt mit ihrer Mutter das gemeinsame Fluggepäck. Sie wollen die Grenze für die 20 kg Freigepäck pro Person nicht überschreiten. Kann sie alle Gegenstände, die sie notiert hat, mitnehmen?
b) Was könnte sie noch in den Koffer legen? Nenne drei Beispiele.

---

1. Wandle in die gleiche Einheit um.

2. Subtrahiere.

3. Wandle dein Ergebnis in die nächstgrößere Einheit um.

$35 \text{ kg} - 980 \text{ g} = \blacksquare$

35000 g − 980 g

```
  35000 g
−   980 g
  ───────
  34020 g
  34,020 kg
```

---

2 a) 896 kg − 554 g   b) 375 kg − 700 g   c) 5379 kg − 0,800 t   d) 4,819 kg − 317 g
649 t − 433 kg   57 200 g − 45 kg   23 t − 6001 kg   3,854 t − 356 kg
807 g − 793 mg   10 002 g − 9 kg   490 t − 1430 kg   20,950 kg − 3500 g

L 1,002; 3,498; 4,502; 4,579; 12,200; 16,999; 17,450; 374,300; 488,570; 648,567; 806,207; 895,446

3 a) 12 kg + 369 g   b) 369 g + 300 mg   c) 3 kg + 45 g + 3201 g   d) 3,567 g + 453 mg
447 g + 900 mg   120 g + 998 mg   5420 g + 333 kg + 886 g   0,481 t + 1345 kg
78 t + 879 kg   1200 kg + 639 g   7 kg + 60 g + 304 kg   0,045 g + 986 mg

L 1,031; 1,826; 4,020; 6,246; 12,369; 78,879; 120,998; 311,060; 339,306; 369,300; 447,900; 1200,639

4 a) 2 kg + 70 g + 350 g   b) 8 t + 4001 kg + 900 kg   c) 36 t + 6 t + 15,400 t
58 kg + 202 kg + 8 g   0,500 kg + 220 kg + 40 g   1,450 kg + 350 g + 1 g
49 t + 1700 kg + 50 t   178 g + 1,200 g + 480 mg   7,800 kg + 45 kg + 1550 g

L 1,801; 2,420; 12,901; 54,350; 57,400; 100,700; 179,680; 220,540; 260,008

5 Was wiegt dein Schulranzen? Wie schwer sollte er höchstens sein?

Gewichte multiplizieren und dividieren

1 a) Ein Güterzug mit 20 Waggons hat auf jedem Waggon zwei Container zu je 32 t geladen. Wie viel Tonnen hat der Kranführer bewegt, wenn er den Zug ganz abgeladen hat?
b) Ein Güterzug mit 30 Waggons hat eine Gesamtladung von 1500 t.
Berechne die Ladung eines Waggons.

2 Auf dem Fischgroßmarkt werden 1,250 t Fisch gleichmäßig auf 50 Kästen verteilt. Wie viel kg sind in jedem Kasten?

3
```
4,370 kg · 37 = ▩

4370 g · 37
  13110
  30590
 161690 g
=161,690 kg
```

a) 2,340 kg · 7   b) 0,308 g · 23   c) 7,524 kg · 12   d) 1,990 kg · 50
   8,350 g · 4   24,407 g · 6   1,904 kg · 15   7,008 t · 75
   31,701 g · 9   3,045 t · 65   0,078 t · 17   5,047 kg · 22
   8,123 t · 10   5,026 kg · 8   1,404 g · 14   12,012 t · 25

L 1,326; 7,084; 16,380; 19,656; 28,560; 33,400; 40,208; 81,230; 90,288; 99,500; 111,034; 146,442; 197,925; 285,309; 300,300; 525,600

1. Wandle in die kleinere Einheit um!
2. Dividiere.
3. Wandle dein Ergebnis in die nächstgrößere Einheit um.

```
6,250 kg : 25 = ▩           3 kg : 8 = ▩

6250 g : 25 = 250 g         3000 g : 8 = 375 g
50          = 0,250 kg      24         = 0,375 kg
 125                         60
 125                         56
   00                         40
    0                         40
                               0
```

4 a) 0,080 kg : 4   b) 10 kg : 4   c) 6,060 g : 5   d) 61,628 kg : 14
     5,400 t : 3   30 kg : 8   6,036 kg : 4   1,121 g : 19
     7,200 g : 6   15 t : 6   8,100 t : 6   5,658 t : 23

L 0,020; 0,059; 0,246; 1,200; 1,212; 1,350; 1,509; 1,800; 2,500; 2,500; 3,750; 4,402

5 a) 0,816 g : 8 mg   b) 7,515 t : 5 kg   c) 7,200 kg : 12 g   d) 313,479 t : 61 kg
     4,185 t : 9 kg   6,396 g : 13 mg   4097 mg : 17 mg   36,690 kg : 30 g
     7,161 g : 7 mg   18,480 kg : 30 g   12,880 t : 40 kg   46,150 t : 71 kg

L 102; 241; 322; 465; 492; 600; 616; 650; 1023; 1223; 1503; 5139

6 Ein Straußenei kann bis zu 1,500 kg wiegen. Ein Hühnerei wiegt etwa 50 g. Wie viel mal ist das Straußenei schwerer als das Ei des Huhnes?

Längen umwandeln

1

In welchen Längeneinheiten werden gemessen: Länge und Breite der Schultafel und der Klassenraumtür, Breite deines Schulheftes, Höhe und Tiefe von Schränken, Entfernung vom Wohnort zur Schule, Länge von Schrauben, Stärke von Brettern, Stärke von Schreibpapier, Höhe eines Fernsehturmes, Entfernung zwischen Städten?

2 Schätze zuerst nach Augenmaß, miss dann die Länge und Breite des Mathematikbuches, des DIN-A4-Heftes, des Vokabelheftes, des großen Zeichenblockes, des Schultisches, der Wandtafel, der Klassentür und der Breite des Flures.

---

1 km = 1000 m

1 m = 10 dm

1 dm = 10 cm

1 cm = 10 mm

25   cm
Zahlenwert Einheit
$\underbrace{\qquad\qquad}_{\text{Größe}}$

---

3 Wandle in die Einheit um, die in Klammern steht.
a) 4 cm (mm)   b) 90 mm (cm)   c) 80 cm (dm)   d) 3 m (cm)   e) 450 mm (cm)
    70 cm (mm)   150 mm (cm)   50 cm (dm)   22 m (cm)   730 dm (cm)
    200 cm (mm)   370 mm (cm)   480 cm (dm)   50 m (cm)   8800 cm (dm)

4 a) 1 m (dm)   b) 2 m (cm)   c) 300 mm (cm)   d) 500 mm (cm, dm)   e) 7 m (dm, cm)
    10 m (dm)   20 m (cm)   8 dm (cm)   1000 mm (cm, dm)   60 m (dm, mm)
    25 m (dm)   65 m (cm)   30 mm (cm)   4900 mm (cm, dm)   44 m (cm, mm)

5 a) 500 cm (m)   b) 160 mm (cm)   c) 77000 m (km)   d) 12000 cm (m)
    320 cm (dm)   8800 cm (m)   56000 dm (m)   200000 m (km)
    700 mm (dm)   2000 cm (m)   19000 mm (m)   64000 mm (dm)

6 a) 6 cm (mm)   b) 8 m (dm)   c) 14 dm (mm)   d) 4 km (m)   e) 37000 m (km)
    140 mm (cm)   12 m (cm)   7 m (mm)   66 km (m)   23000 m (km)
    25 dm (mm)   3600 mm (dm)   48 m (cm)   137 km (m)   909000 m (km)

 Julia besitzt 11 Spielsteine. Wenn sie ihrer Freundin Lisa 3 Steine abgibt, haben beide gleich viele. Wie viele hatte Lisa anfangs?

7

km			m		
H	Z	E	H	Z	E
		7	3	7	6
	4	5	0	9	0
		3	0	0	7
			4	2	6
				1	8
					3

Beispiele
7 km 376 m = 7,376 km
45 km 90 m = 45,090 km
3 km 7 m = 3,007 km
426 m = 0,426 km
18 m = 0,018 km
3 m = 0,003 km

Gib in Kilometern an. Benutze dazu die Tabelle.
a) 5 km 874 m   b) 9 km 7 m   c) 4 km 200 m   d) 80 m   e) 121 km 3 m
   2 km 500 m   728 km 96 m   12 km 15 m   4 m   4 km 4 m
   38 km 12 m   600 m   31 km 311 m   340 km 900 m 300 m

8 Gib in Kilometern an.   6350 m = 6,350 km

a) 4433 m   b) 36 m   c) 8008 m   d) 2 km 16 m   e) 12 km 7 m
   625 m   244 m   51 m   68 km 9 m   0 km 4 m
   5116 m   9 m   670 m   9 km 900 m   4 km 80 m

9

m			dm	cm	mm
H	Z	E			
5	1	2	8	0	
	3	6	5	2	5
		7	4	4	
		8	0	9	
		2	0	0	5

Beispiele
512 m 80 cm = 512,80 m
36 m 5 dm 2 cm 5 mm = 36,525 m
7 m 4 dm 4 cm = 7,44 m
8 m 9 cm = 8,09 m
2 m 5 mm = 2,005 m

Gib in Metern an. Benutze dazu die Tabelle.
a) 2 m 36 cm   b) 8 m 7 dm   c) 25 m 25 mm   d) 7 m 5 dm 9 cm   e) 25 m 3 dm 7 cm
   16 m 5 dm   5 m 6 cm   3 m 25 cm   4 m 6 cm 5 mm   94 m 45 cm 3 mm
   4 m 6 cm   12 m 6 mm   93 m 7 cm   6 m 3 mm   9 m 7 dm 3 mm

123 mm
(cm, dm, m)
123 mm = 12,3 cm
123 mm = 1,23 dm
123 mm = 0,123 m

10 Wandle in die Einheit um, die in Klammern steht.
a) 45 mm (cm)   b) 204 dm (m)   c) 8 cm (dm)   d) 7 cm (m)   e) 345 mm (dm)
   127 cm (dm)   73 cm (dm)   89 mm (cm)   8 cm (dm)   701 cm (m)
   500 mm (cm)   66 dm (m)   9 cm (dm)   17 mm (dm)   3570 cm (m)
   729 dm (m)   211 mm (cm)   2 cm (m)   44 cm (m)   5060 mm (m)

11 Verwandle in Meter.
a) 21 dm   b) 4567 cm   c) 360 cm   d) 33 dm   e) 6 dm
   45 cm   222 mm   11 dm   33 cm   5 cm
   7 dm   99 dm   8 cm   33 mm   7 mm

12 Verwandle in die angegebene Einheit.
a) 4,564 km (m)   b) 2,4 cm (mm)   c) 3,5 m (dm)   d) 343,4 dm (cm)   e) 0,8 km (m)
   0,043 km (m)   3,6 dm (cm)   7,7 cm (mm)   888,24 m (dm)   3,4 km (m)
   0,001 km (m)   27,1 m (dm)   0,8 cm (mm)   20,512 km (m)   5,22 km (m)

Längen umwandeln

13 Wandle in die größte vorkommende Einheit um. 14 dm 5 cm = 14,5 dm

a) 5 m 8 dm
12 dm 5 cm
6 cm 4 mm

b) 26 m 4 dm
26 m 4 cm
26 m 4 mm

c) 4 km 7 m
33 km 33 m
5 km 8 m

d) 48 dm 4 cm
7 cm 8 mm
9 m 14 mm

14 Gib in mm an.

a) 30 cm
2,4 cm
9 dm

b) 85 cm
2 m
270 cm

c) 80 cm
9,5 cm
64,2 cm

d) 34 m
23 m 2 dm
6 dm 4 mm

e) 17 dm 5 mm
1 m 1 dm 1 cm
2 m 2 mm

15 Wandle in die angegebene Einheit um.

a) 4,123 km (m)
0,080 km (m)
21,007 km (m)

b) 4,2 dm (cm)
29,91 m (cm)
0,8 dm (cm)

c) 0,07 m (cm)
9,990 m (mm)
0,67 m (cm)

d) 0,003 km (m)
4,543 km (m)
36,607 km (m)

e) 9 mm (cm)
1,2 dm (cm)
6,6 cm (mm)

16 Ordne der Größe nach. Benutze das Zeichen „<".

a) 557 cm;   1 m 3 dm 6 cm;   2 m 87 cm;   26 dm 4 cm;   3,58 m;   256 cm 60 mm
b) 5 km 39 m;   5122 m;   48 624 dm;   5 887 000 mm;   5,040 km;   4 km 630 m
c) 250 dm;   2500 cm;   25 m;   25 km;   0,250 km;   0,025 km

17 Welche Angaben stellen die gleiche Länge dar?

3600 m = 3,600 km = 3,6 km = 3 km 600 m

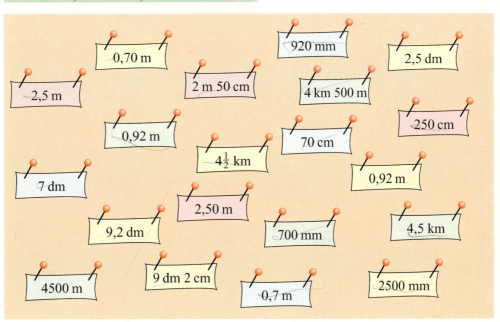

18 Wandle in möglichst viele Einheiten um.

5 m = 0,005 km
 = 50 dm
 = 500 cm
 = 5000 mm

a) 8 m
12 m
55 m
100 m

b) 70 dm
120 dm
540 dm
1000 dm

c) 500 cm
4000 cm
3535 cm
10 000 cm

d) 3000 mm
5000 mm
20 000 mm
65 400 mm

Messen mit Hand und Fuß

1 Schon in frühester Zeit haben Menschen Längen gemessen. Ausgangspunkt der kleinen Längenmaße sind in allen Kulturen Körperteile gewesen.
Als „Standardmaße" galten Finger- und Handbreite, Unterarm und Fuß. Eine große Maßeinheit war der Klafter (ausgestreckte Arme von Fingerspitze zu Fingerspitze).

Miss mit deiner „Spannweite" („Fingerbreite", „Ellenlänge", „Schrittlänge") Länge, Breite und Höhe verschiedener Gegenstände im Klassenzimmer. Vergleicht eure Maßangaben. Was stellst du fest?

2 Eine heute noch gebräuchliche alte Maßeinheit für Rohrdurchmesser und Gewinde ist der Zoll (Daumenbreite).

Umrechnungstabelle von Zoll in Meter 1 Zoll (1″ = 25,4 mm)

Zoll	0	1	2	3	4	5	6	7	8	9
0	0,0000	0,0254	0,0508	0,0762	0,1016	0,1270	0,1524	0,1778	0,2032	0,2286
10	0,2540	0,2794	0,3048	0,3302	0,3556	0,3810	0,4064	0,4318	0,4572	0,4826
20	0,5080	0,5334	0,5588	0,5842	0,6096	0,6350	0,6604	0,6858	0,7112	0,7366
30	0,7620	0,7874	0,8128	0,8382	0,8636	0,8890	0,9144	0,9398	0,9652	0,9906
40	1,0160	1,0414	1,0668	1,0922	1,1166	1,1430	1,1684	1,1938	1,2192	1,2446
50	1,2700	1,2954	1,3208	1,3462	1,3716	1,3970	1,4224	1,4478	1,4732	1,4986
60	1,5240	1,5494	1,5784	1,6002	1,6256	1,6510	1,6764	1,7018	1,7272	1,7526
70	1,7780	1,8034	1,8288	1,8542	1,8796	1,9050	1,9304	1,9558	1,9812	2,0066
80	2,0320	2,0574	2,0828	2,1082	2,1336	2,1590	2,1844	2,2098	2,2352	2,2606
90	2,2860	2,3114	2,3368	2,3622	2,3876	2,4130	2,4384	2,4638	2,4892	2,5146

Wandle mit Hilfe der Umrechnungstabelle um.
a) 2″ (m) b) 12″ (m) c) 23″ (mm) d) 73″ (cm) e) 64″ (m)
   4″ (m)   14″ (m)   25″ (mm)   82″ (cm)   48″ (m)
   7″ (m)   17″ (m)   28″ (mm)   94″ (cm)   71″ (m)

Längen addieren und subtrahieren

1

Von einer 25 m langen Teppichrolle werden Stücke mit folgenden Längen verkauft: 2,5 m; 65 cm; 4,30 m; 6,70 m und 90 cm. Welche Länge hat der Rest?

2 Addiere.

```
 4,55 m + 32 cm
  455 cm
+  32 cm
  487 cm
= 4,87 m
```

a) 3,20 m + 15 cm   b) 45 m + 8,5 dm   c) 27,18 m + 28 m + 81 m
   12,04 m + 88 cm   25 cm + 5,40 m   0,48 m + 46 cm
   75 m + 9 cm   74,8 dm + 54 cm   83 dm + 4,4 m + 6 dm
   0,73 m + 27 cm   24 km + 453 m   7 m + 5 dm + 3 cm
   901 m + 6 dm   1 km + 75 m   6,051 km + 694 m + 0,4 km

3 Subtrahiere.

```
9,400 km − 890 m = ▨

  9400 m
−  890 m
  8510 m
= 8,510 km
```

a) 43,200 km − 543 m   b) 98,5 m − 80 dm
   21,205 km − 789 m   576,3 m − 325 dm
   28 km − 989 m   6487,06 m − 83 cm
   4,259 km − 27 m   600 m − 9 dm
   546 dm − 5 m   7,71 m − 9 cm

4 Achte auf die Einheit. Gib das Ergebnis in der größten vorkommenden Einheit mit Komma an.

a) 3,5 m + 8 dm   b) 26,72 m + 97 cm   c) 5,4 m − 5 dm   d) 824 m − 917 cm
   2,9 m + 48 dm   0,400 km + 27 m   780 m − 0,634 km   75 m − 240 dm − 41 dm
   30 m + 9 dm + 4 cm   34,709 km + 537 m   32,8 dm − 0,09 m   68,256 km − 3,793 km

5 Ein Fußballfeld von 150 m Länge und 70 m Breite soll abgekreidet werden. Wie lang ist die Strecke, die der Platzwart mit dem Kreidewagen gehen muss?

6 Bestimme in jeder Figur die Länge der einzelnen Seiten. Berechne die Gesamtlänge.

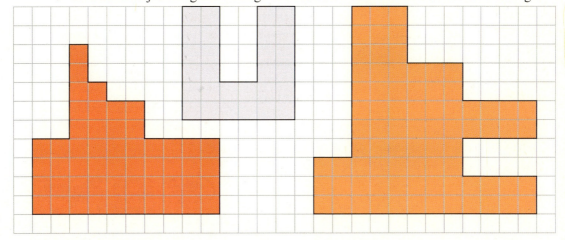

124 Längen multiplizieren und dividieren

1 In einer Segelschule werden 29 Seilstücke von je 3 m Länge von einem 120 m langen Tau abgeschnitten.
a) Wie lang sind die abgeschnittenen Stücke zusammen?
b) Wie viele Stücke der gleichen Länge können noch von dem Rest abgeschnitten werden?

1. Wandle in die kleinere Einheit ohne Komma um!

2. Multipliziere (dividiere).

3. Gib das Ergebnis in der größeren Einheit an.

$8{,}50 \text{ m} \cdot 27 =$

```
850 cm · 27
―――――――
    1700
    5950
―――――――
   22950 cm
 = 229,50 m
```

$25{,}8 \text{ dm} : 6 =$

```
258 cm : 6 = 43 cm
24             = 4,3 dm
――
 18
 18
――
  0
```

2 a) 3,7 cm · 6   b) 45,3 m · 7   c) 82,27 m · 58   d) 7,397 km · 32
8,9 dm · 8   7,8 dm · 25   72,06 dm · 64   28,900 km · 65
0,234 km · 9   0,907 km · 6   9,047 km · 97   6,123 km · 78

3 a) 17,5 cm : 5   b) 54,5 dm : 5   c) 5 km : 4   d) 41,340 km : 12   e) 39,36 m : 32
20,79 m : 9   267,3 m : 9   42 km : 8   2,825 km : 25   678,6 m : 29
39,2 cm : 8   1,265 km : 5   11 dm : 5   68,400 km : 15   59,232 km : 48

L 0,113; 0,253; 1,23; 1,234; 1,25; 2,2; 2,31; 3,445; 3,5; 4,56; 4,9; 5,25; 23,4; 29,7; 10,9

4 a) 420 cm : 12 cm   b) 44 m : 8 dm   c) 6,3 km : 9 m   d) 748,8 dm : 32 cm
944 m : 4 m   486 m : 9 dm   1222 m : 13 dm   0,464 km : 29 m
490 km : 5 km   156 dm : 12 cm   408 km : 17 m   418,2 m : 34 dm

L 16; 35; 55; 98; 123; 130; 234; 236; 540; 700; 940; 24000

5

Familie Wittenberg steht auf der Autobahn im Stau. Lisa will ausrechnen, wie viele Autos in der Schlange stehen.
Ihr Vater schlägt vor, 7 m für einen Wagen einschließlich Abstand zum Vordermann zu rechnen. Auf welche Anzahl kommt Lisa?

Sachrechnen mit Längen

1 Die Niedersachsen-Rundfahrt verlief 1995 über 10 Etappen von Königslutter bis Oldenburg. Wie viel Kilometer legten die Radfahrer auf der Rundfahrt insgesamt zurück?

Etappe	von … bis	km
1	Königslutter–Osterode	160
2	Osterode–Duderstadt	177
3	Duderstadt–Gifhorn	188
4	Gifhorn–Uelzen	156
5	Uelzen–Bad Pyrmont	199

Etappe	von … bis	km
6	Bad Pyrmont–Bückeburg	149
7	Bückeburg–Uchte	35
8	Uchte–Melle	143
9	Melle–Schüttorf	186
10	Schüttorf–Oldenburg	143

2 Die Seidenraupe spinnt ihren Kokon (Hülle der Insektenpuppe) aus einem einzigen 8 km langen Faden. Ein Seidenraupenschmetterling kann bis zu 350 Nachkommen haben. Welche Gesamtlänge ergeben die 350 Fäden, wenn jeder Nachkömmling wiederum einen Faden von 8 km spinnt?

3 Eine 28 m lange Straßenbahn hat 46 Sitzplätze und 104 Stehplätze. Ein Auto befördert durchschnittlich zwei Personen. Wie lang ist die Autoschlange, wenn sie die gleiche Personenzahl wie die vollbesetzte Straßenbahn befördert?

4 Anfang 1993 waren in den alten und neuen Bundesländern 37,8 Millionen Pkw und Kombifahrzeuge zugelassen.
   a) Welche Strecke ergeben diese Fahrzeuge, wenn sie direkt hintereinander aufgestellt sind? Ein Wagen ist durchschnittlich 5 m lang.
   b) Wie oft reicht diese „Autobahn" um den Äquator (40 000 km)?

Die neue Wohnung...

1 Jessica bezieht mit ihren Eltern eine neue Wohnung.
Sie möchte in ihrem Zimmer ihr altes Bücherregal aufstellen.

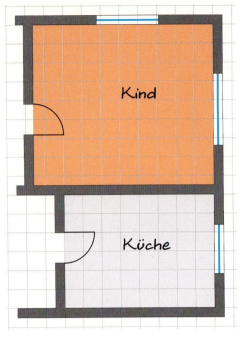

Maßstab 1 : 100

a) Erläutere, wie Jessica die wirkliche Länge der Wand berechnet.
b) Miss in der Zeichnung die Breite des Kinderzimmers sowie die Länge und Breite der Küche.
Bestimme die wirklichen Maße.

Länge in der Zeichnung	Länge in der Wirklichkeit
4,8 cm	4,8 cm · 100 = 480 cm = 4,80 m

2

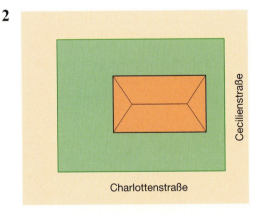

Maßstab 1 : 1000

Sprich: 1 zu 1000

Maßstab 1 : 1000

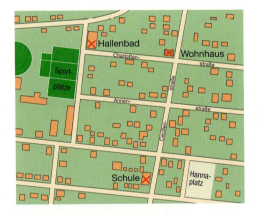

Maßstab 1 : 10 000

a) Auf einem Lageplan ist das Haus eingezeichnet, in dem Jessicas neue Wohnung liegt. Miss die Länge und Breite des Hauses (des Grundstückes) und berechne jeweils die wirklichen Längen.
b) Jessica hat im Stadtplan die Lage ihrer Wohnung, ihrer Schule und des Hallenbades jeweils mit einem Kreuz markiert.
Wie lang ist ihr Schulweg? Wie viel Meter muss sie von ihrer Wohnung bis zum Hallenbad zurücklegen?

...Arbeiten mit dem Maßstab

Auf Bauplänen, Stadtplänen und Landkarten werden Strecken verkleinert abgebildet.
Der **Maßstab** einer Karte gibt an, wievielmal so groß die Strecken in Wirklichkeit sind.

Der **Maßstab 1 : 1000** bedeutet:

1 cm im Bild entspricht 1000 cm in der Wirklichkeit.

$$1\,\text{cm} \mathrel{\widehat{=}} 1000\,\text{cm} = 10\,\text{m}$$

3 Jessicas Familie hat den Einstellplatz ⑤ in der Tiefgarage gemietet. Das Auto ist 4,10 m lang und 2,00 m breit.
Kann hinter dem Auto noch ein 1,60 m breiter und 1,90 m langer Anhänger auf dem markierten Platz abgestellt werden?

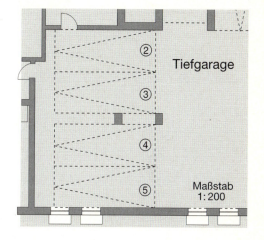

Maßstab 1 : 200

4

a) Jessica plant einen Fahrradausflug. Wie weit liegen die markierten Ziele von ihrem Wohnort entfernt (Luftlinie)?

b) Vor ihrem Ausflug will Jessica noch eine neue Radwanderkarte kaufen. Im Schaufenster einer Buchhandlung liegt eine Karte im Maßstab 1:50 000, eine andere im Maßstab 1:30 000. Welche Karte sollte sie kaufen? Begründe deine Antwort.

Der Maßstab fehlt!

5 Wie lang ist der Fußweg von der Autostraße zum Waldsee?
Beschreibe, wie du anhand des abgebildeten Kartenausschnittes diese Entfernung bestimmen kannst.

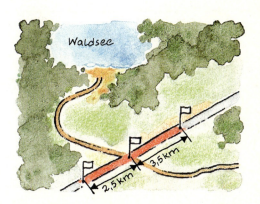

Von der Zeit

MACH ES WIE DIE SONNENUHR – ZÄHL DIE HEITEREN STUNDEN NUR

1 Vergleiche die abgebildeten Uhren miteinander.
Welche Funktionen kannst du von diesen Uhren ablesen?

2 In welcher Zeiteinheit messen wir folgende Zeitspannen: eine Unterrichtsstunde, das Alter eines Menschen, einen 100-m-Lauf, die Flugzeit von Hamburg nach Rom, den Marathonlauf, eine Schwangerschaft und die Sommerferien?

---

1 Jahr	= 365 Tage		1 Tag	= 24 Stunden	1 d	= 24 h
1 Jahr	= 12 Monate		1 Stunde	= 60 Minuten	1 h	= 60 min
1 Monat	≈ 30 Tage		1 Minute	= 60 Sekunden	1 min	= 60 s
1 Woche	= 7 Tage					

1 Schaltjahr (jedes vierte Jahr) hat 366 Tage.

---

3 Wandle um in Sekunden (s).   2 min 15 s = 120 s + 15 s = 135 s
4 min;   8 min;   2 min 32 s;   3 min 10 s;   5 min 39 s;   7 min 28 s

4 Wandle um in Minuten (min) und Sekunden (s).   80 s = 1 min 20 s
300 s;   600 s;   660 s;   90 s;   140 s;   87 s;   150 s;   200 s;   250 s;   310 s

5 Gib in Stunden (h) und Minuten (min) an.   135 min = 2 h 15 min
120 min;   360 min;   100 min;   150 min;   220 min;   370 min;   420 min

6 Wandle in Minuten um.   1 h 35 min = 95 min
a) 3 h;   5 h;   4 h;   1 h 17 min;   3 h 45 min   b) $\frac{1}{2}$ h; $\frac{1}{4}$ h; $\frac{3}{4}$ h; $2\frac{1}{2}$ h

7 Wie viele Stunden sind es?
2 d   5 d   7 d   2 d 18 h   3 d 12 h   10 d 20 h $\frac{1}{2}$ d $2\frac{1}{2}$ d

8 Wandle in Tage und Stunden um.
25 h   32 h   48 h   53 h   68 h   96 h   120 h   240 h   264 h

9 a) Wie viele Monate sind es: 7 Jahre; 4 Jahre 6 Monate; 5 Jahre 10 Monate; $\frac{1}{2}$ Jahr; $\frac{1}{4}$ Jahr; $\frac{3}{4}$ Jahr; $1\frac{1}{2}$ Jahre

b) Rechne um in Jahre und Monate: 30 Monate; 60 Monate; 100 Monate; 130 Monate; 38 Monate

Rechnen mit Zeitspannen

1

Kathrin Brandt		Stundenplan			Klasse 5g
Zeit	Montag	Dienstag	Mittwoch	Donnerstag	Freitag	Samstag
8.00– 8.45	Mathe	Deutsch	Englisch	Biologie	Physik	
8.50– 9.35	Religion	WUK	Mathe	Deutsch	Englisch	
9.55–10.40	Sport	Musik	Deutsch	Englisch	Mathe	
10.45–11.30	Sport	Englisch	Physik	Mathe	WUK	
11.45–12.30	Deutsch	AG	WUK	Religion	Kunst	
12.35–13.20	Biologie	AG		Förderunt.	Kunst	

a) Berechne in Stunden und Minuten, wie lange Kathrin an den einzelnen Tagen in der Schule ist.
b) Berechne die Zeit für die ganze Woche. Wie viel Pausenzeit ist darin enthalten?

Beim Rechnen mit verschiedenen Zeitspannen musst du die Umrechnungen beachten.

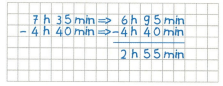

2 a) 25 min + 51 min   b) 15 h 7 min + 7 h 54 min   c) 4 h 59 min + 19 h 21 min
    15 min + 47 min   18 h 5 min + 27 h 58 min   17 h 47 min + 17 h 53 min
    38 min + 42 min   25 h 48 min + 37 h 33 min   34 h 16 min + 7 h 45 min

3 a) 9 h 34 min − 2 h 22 min   b) 1 h 14 min − 20 min   c) 24 h 27 min − 12 h 30 min
     12 h 45 min − 11 h 37 min   2 h 46 min − 58 min   98 h − 16 h 48 min
     25 h 14 min − 14 h 9 min   14 h 9 min − 13 h 44 min   126 h − 125 h 59 min

4 Wie viele Stunden und Minuten sind es jeweils bis Mitternacht?
21.00 Uhr;   13.10 Uhr;   20.30 Uhr;   16.40 Uhr;   17.24 Uhr;   10.25 Uhr;   0.39 Uhr

5 Eine Fernsehsendung beginnt um 18.25 Uhr. Wann ist sie zu Ende?
Dauer der Sendung: 50 min ($\frac{1}{2}$ h; 100 min; $\frac{3}{4}$ h; $1\frac{1}{2}$ h; 75 min; 1 h 45 min).

6 Wann endet die Veranstaltung?

	a)	b)	c)	d)	e)
Beginn:	12.40 Uhr	17.30 Uhr	20.40 Uhr	19.30 Uhr	20.45 Uhr
Dauer:	3 h 10 min	2 h 35 min	$2\frac{1}{2}$ h	1 h 45 min	$1\frac{1}{2}$ h

7 Wie viele Stunden und Minuten dauert die Veranstaltung?

	a)	b)	c)	d)	e)
Beginn:	17.30 Uhr	14.09 Uhr	10.14 Uhr	15.55 Uhr	7.20 Uhr
Ende:	19.40 Uhr	15.17 Uhr	12.07 Uhr	17.10 Uhr	12.05 Uhr

8 Übertrage und berechne die fehlenden Angaben.

Abfahrt	8.19	18.26	20.07	0.05	16.30	13.12	
Ankunft		19.12	23.14	17.15		22.57	17.35
Fahrtdauer	2 h 16 min				3 h 59 min		8 h 24 min

9 Das Herz eines Jugendlichen schlägt im Schlaf etwa 54-mal in der Minute. Wie oft schlägt es in acht Stunden?

10 Wie viel Sekunden hat ein Tag?

11 Ein Schuljahr hat rund 40 Wochen, eine Schulwoche hat 30 Schulstunden und eine Unterrichtsstunde hat 45 Minuten. Wie viele Minuten Unterricht hast du im Jahr?

12
a) Bei einem Gewitter misst du zwischen Blitz und Donner 3 Sekunden. Wie weit ist das Gewitter entfernt, wenn der Schall in einer Sekunde 340 m zurücklegt?
b) Bei der nächsten Messung erhältst du einen Wert von 12 Sekunden. Wie viel Kilometer ist das Gewitter jetzt entfernt? In der Luft legt der Schall in einer Sekunde 340 m zurück.

13 Herr Fabian hat seine Ankunftszeit auf der Parkscheibe eingestellt. Die freie Parkzeit beträgt zwei Stunden.
a) Er kommt um 12.00 Uhr zurück. Um wie viel Minuten hat er seine Parkzeit überschritten?
b) Bis wann hätte Herr Fabian zurück sein müssen?

14 Ein ICE benötigt für die Strecke München–Hamburg 5 Stunden und 52 Minuten. Der Zug fährt um 7.55 Uhr in München ab und hält sechsmal. Bis zum dritten Halt hat er 13 Minuten Verspätung. Bei den folgenden Stationen holt er bei jedem Halt wieder drei Minuten auf. Wann müsste er fahrplanmäßig in Hamburg eintreffen? Wann trifft er jetzt ein?

15 Die amerikanische Biologin Jane Shen-Miller fand 1982 in einem ausgetrockneten See in China einen 1288 Jahre alten Lotosblumensamen. „Es ist unglaublich", so die Biologin, „nach mehr als tausendjährigem Schlaf spross innerhalb von vier Tagen ein kleiner Sprössling."
In welchem Jahr hat demnach die Lotosblume geblüht, von der dieser Samen stammt?

Der Bahnhofsvorsteher erzählt: „Täglich fahren bei uns auf Gleis 1 insgesamt 24 Züge ein, davon 11 Nahverkehrszüge. Auf Gleis 2 sind es insgesamt 19 Züge, davon 8 Nahverkehrszüge. Auf beiden Gleisen zusammen fahren 6 Interregio mehr als D-Züge."
Wie viel Züge jeder Art (Nahverkehrszüge, Interregio-Züge, D-Züge) fahren täglich auf beiden Gleisen?

Zeitzonen

1 Frau Häger wartet mit ihrem Sohn Timo auf dem Frankfurter Flughafen auf die Ankunft eines Flugzeuges aus Athen.
a) Was könnte zur selben Zeit Bob in Chicago, Susan in Sydney, Han Su in Tokio und Pierre in Paris machen?
b) Zwei Stunden später sitzt Timo über seinen Hausaufgaben. Wie spät ist es jetzt in Hongkong, London, Athen und Bombay?

2 Christine telefoniert um 9.00 Uhr in Chicago. Sie ruft ihre Mutter in Frankfurt an. Wie spät ist es zu diesem Zeitpunkt in Frankfurt?

3 a) Ein Flugzeug startet um 13.00 Uhr in Frankfurt. Es fliegt nach Athen in 2 Stunden und 50 Minuten. Landet es in der griechischen Hauptstadt um 15.50 Uhr oder um 16.50 Uhr?
b) Ein zweites Flugzeug fliegt um 10.00 Uhr von Paris ab. Es hat das Ziel Frankfurt. Die Flugzeit beträgt 1 h 20 min.

4 a) Wann kommt ein Flugzeug in Paris an, wenn es in Chikago um 6.00 Uhr abfliegt (Flugzeit 8 h 15 min)?
b) Um wie viel Uhr landet ein Passagier in Athen, wenn er um 8.30 Uhr in New York startet (Flugzeit 11 h 5 min)?

5 Eine Concorde startet um 12.00 Uhr in London mit dem Flugziel New York. Wie spät ist es in diesem Augenblick in New York? Nach drei Stunden Flugzeit landet sie in New York. Was stellst du fest?

Freizeit

1 Die Schülerinnen und Schüler eines Jahrganges werden nach den drei Aktivitäten befragt, die sie am häufigsten in ihrer Freizeit ausüben.
Lies am Säulendiagramm ab, wie oft die einzelnen Aktivitäten genannt werden?

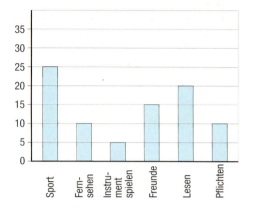

2 Conny stellt ihren Freizeitplan neu zusammen.

Montag	Dienstag	Mittwoch	Donnerstag	Freitag
Schwimmen 15.00–17.00	Freundinnen 15.00–17.00	Hausaufgaben 15.00–15.30	Lesen 15.00–15.30	Freundinnen 15.00–17.00
Chor 17.00–19.00	Lesen 17.30–19.00	Lesen 15.30–16.00	Zimmer aufräumen 15.30–16.30	
		Schwimmen 16.00–18.00	Schwimmen 16.30–18.30	Fernsehen 17.45–19.00
		Fernsehen 18.00–19.00	Hausaufgaben 18.30–19.00	

a) Wie viel freie Zeit bleibt ihr zwischen 15.00 und 19.00 Uhr?
b) Rechne die Zeit, in der Conny fernsieht, in Unterrichtsstunden um. Sie schaut am Wochenende noch zusätzlich drei Stunden.

3 a) Schätze, wie viel Zeit du täglich zwischen 15.00 und 19.00 Uhr nicht verplant hast?
b) Erstelle deinen persönlichen „Freizeitplan" für eine Woche und vergleiche mit deiner Schätzung.

4 Peter fährt in seiner Freizeit gerne Rad. Er möchte sich Helm, Schuhe, Trikot und Handschuhe kaufen. Dafür hat er schon 56,00 EUR gespart.
a) Wie lange muss er noch sparen, wenn er wöchentlich 4,00 EUR zurücklegen kann?
b) Er erhält das Angebot, in der Woche zweimal ein Anzeigenblatt in 140 Haushalte auszutragen. Er bekommt pro Zeitung 10 Cent. Wie viel EUR verdient er damit in der Woche?
c) Schätze, wann er sich die Ausrüstung kaufen kann, wenn er die Zeitung austrägt?

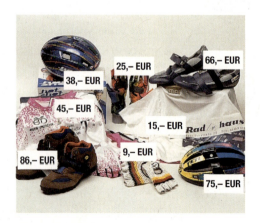

5 Bei einem Trainingsrennen der Radfahrer werden für die einzelnen Runden folgende Zeiten gemessen:

	Klaus	Maike	Frank	Petra	Udo
1. Runde	6 min 25 s	6 min 37 s	6 min 59 s	7 min 19 s	8 min 5 s
2. Runde	7 min 11 s	6 min 6 s	7 min 14 s	7 min 48 s	8 min 3 s
3. Runde	6 min 27 s	6 min 45 s	8 min 10 s	7 min 32 s	7 min 51 s
Trainingszeit	▪	▪	▪	▪	▪

a) Wer hat die schnellste Trainingszeit?
b) Die Sportgruppe trifft sich dreimal in der Woche zum Streetball. Die Fahrt von zu Hause und zurück nutzen sie als Fahrtraining.
Frank fährt 5 km bis zum gemeinsamen Treffpunkt. Petra muss 1 km weniger fahren als Frank. Udo fährt 2 km weniger als Petra. Maike hat eine doppelt so lange Anfahrt wie Klaus der 1 km weniger als Petra fahren muss. Wie viel Kilometer legt jeder insgesamt auf dem Hin- und Rückweg zurück?

6 Eine Jugendgruppe plant eine ganztägige Fahrradtour mit einer zweistündigen Mittagspause und zwei kleinen „Verschnaufpausen" von je einer halben Stunde ein. Die Wegstrecke tragen sie in die Karte ein.
a) Wie viel Kilometer wollen sie fahren?
b) Sie rechnen für einen Kilometer vier Minuten. Wie lange sind sie insgesamt unterwegs?

Sachaufgaben aus der Umwelt

1 Eine große Belastung für die Umwelt stellen die Produktion und die Beseitigung metallhaltiger Verpackungen wie z. B. Alu-Folie dar.
Die Alufolie, in die das Frühstücksbrot eingewickelt wird, kostet pro Woche ungefähr 0,12 EUR. Nach welcher Zeit hat sich also eine Frühstücksdose (2,40 EUR) bezahlt gemacht?

2 Die Verpackung einer 1-Liter-Packung Milch wiegt 35 g.
  a) Wie viel Kilogramm Müll verursacht eine Familie im Jahr, wenn sie 25 Packungen Milch im Monat verbraucht?
  b) Wie viel Tonnen Müll fällt dann bei gleichem Verbrauch bei 100 000 Familien in einem Jahr an?

3 Maximilians Klasse hat 630 kg Altpapier gesammelt, wobei 15 Schüler je 24 kg und 12 Schüler je 20 kg gesammelt haben. Den Rest hat Maximilian allein geschafft. Wie viel Kilogramm Altpapier hat Maximilian gesammelt?

4 Deutschland hat den größten Papierverbrauch in Europa. Seit der Verbreitung der Kopiergeräte, bei denen meistens nur eine Seite des Blattes genutzt wird, ist der Jahresverbrauch auf 14,8 Mio t gestiegen. Eine Tonne Papier ergibt etwa einen Würfel mit 1 m Kantenlänge. Wie viele Säulen Papier von der Höhe eines 148 m hohen Kirchturmes kann man damit stapeln?

5 Die Klasse 5c hat 1850 junge Bäume gepflanzt, von denen 650 Eichen sind. Der Rest der Bäume sind Buchen und Erlen. Die Anzahl der Buchen übersteigt die Zahl der Eichen um 350, die restlichen Bäume sind Erlen. Wie viele Erlen hat die Klasse gepflanzt?

6 a) Die 6. Klassen haben 48 Nistkästen für Meisen gebaut. Sie haben dreimal so viel wie die 5. Klassen hergestellt. Wie viel Kästen haben die Schüler der 6. Klassen mehr gebaut?
  b) Die Schüler der 5. Klassen haben 45 Nistkästen für Eulen gebaut. Diese Anzahl übersteigt die Produktion der 6. Klassen um das Dreifache. Wie viele Kästen haben die Schüler der 5. Klassen mehr gebaut?

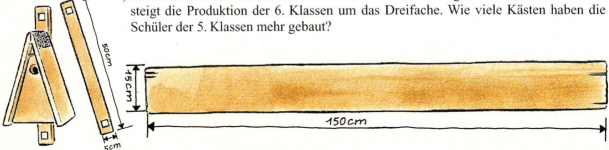

6 Geometrische Körper

1 In deiner Umwelt findest du viele Gegenstände und Bauwerke, die eine bestimmte Form haben.

Beschreibe die abgebildeten Formen. Kennst du ihre Namen?

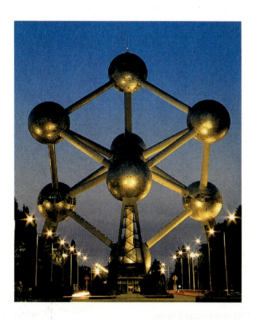

2 Übertrage die Tabelle in dein Heft und ordne die folgenden Gegenstände ein; achte dabei nur auf die Form der einzelnen **geometrischen Körper.** Ergänze die Tabelle durch weitere Beispiele.

Ziegelstein, Zuckerhut, Getreidesilo, Würfelzucker, Fruchtsaftpackung, Lautsprecherbox, Blasrohr, Wasserball, Milchtüte, Konservendose, Schultüte, Eistüte, Trichter, Tischtennisplatte.

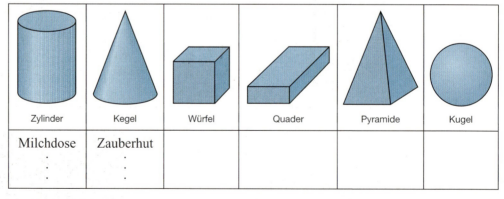

Zylinder	Kegel	Würfel	Quader	Pyramide	Kugel
Milchdose	Zauberhut				
⋮	⋮				

3 Suche in Zeitschriften Bilder von Gegenständen, die diese geometrischen Formen haben. Schneide die Bilder aus und klebe sie in dein Heft. Schreibe jeweils den Namen des geometrischen Körpers dazu.

Geometrische Körper

4 Aus welchen einzelnen geometrischen Körpern sind die abgebildeten Körper zusammengesetzt?

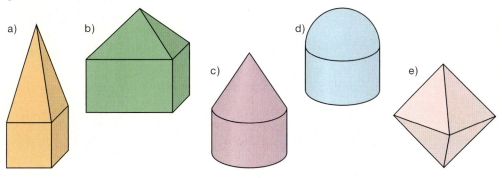

a) b) c) d) e)

5

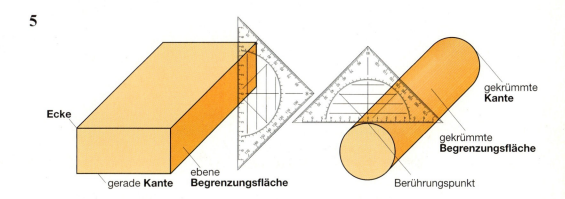

a) Nenne Körper mit ebenen Begrenzungsflächen.
b) Nenne Körper mit gekrümmten Begrenzungsflächen.

6 Übertrage die Tabelle in dein Heft und gib jeweils die Anzahl an.

	Zylinder	Kegel	Würfel	Quader	Pyramide	Kugel
ebene Begrenzungsflächen						
gekrümmte Begrenzungsflächen						
gerade Kanten						
gekrümmte Kanten						
Ecken						

7 a) Baue aus Strohhalmen und Plastilinkugeln jeweils das Kantenmodell eines Würfels und einer Pyramide.
b) Wie viele Strohhalme und Plastilinkugeln brauchst du jeweils?

Quader und Würfel

1

a) Welche der abgebildeten Körper haben die Form eines Quaders, welche die eines Würfels? Woran erkennst du diese geometrischen Körper?
b) Nenne weitere Gegenstände, die die Form eines Quaders oder eines Würfels haben.

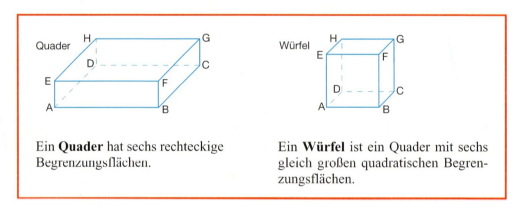

Ein **Quader** hat sechs rechteckige Begrenzungsflächen.

Ein **Würfel** ist ein Quader mit sechs gleich großen quadratischen Begrenzungsflächen.

2 Übertrage die Tabelle in dein Heft und kreuze das Zutreffende an.

Eigenschaften	Quader	Würfel
Alle Kanten sind gleich lang.		
Der Körper hat 8 Ecken.		
Der Körper hat 12 Kanten.		
Der Körper setzt sich aus 6 Seitenflächen zusammen.		
Gegenüberliegende Kanten sind gleich lang.		
Gegenüberliegende Kanten sind parallel zueinander.		
Nachbarkanten sind senkrecht zueinander.		
Alle Flächen sind gleich groß.		
Gegenüberliegende Flächen sind gleich groß.		
Gegenüberliegende Flächen sind parallel zueinander.		

Würfelnetze

1 Melanie hat einen Spielwürfel aus Pappe gebaut.
Sie schneidet den Würfel an einigen Kanten auf und faltet ihn auseinander. Sie erhält das **Netz des Würfels.**
Was hat sie beim Beschriften des Würfels falsch gemacht?

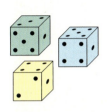

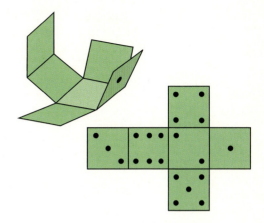

Stelle fest, ob die Augenzahl auf den abgebildeten Würfelnetzen richtig angeordnet ist.

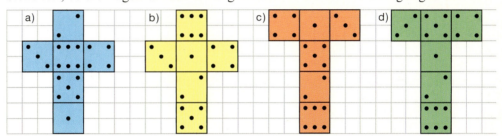

2

Zeichne das Netz des abgebildeten Würfels auf dünne Pappe.
Schneide das Netz aus und falte es zu einem Würfel. Klebe den Würfel an den Klebelaschen zusammen.

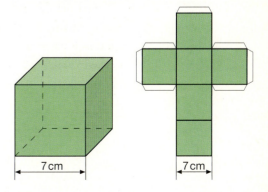

Würfelnetze

3 Welche der abgebildeten Netze sind Würfelnetze?
Überprüfe gegebenenfalls deine Antwort, indem du die einzelnen Netze auf kariertes Papier überträgst und sie ausschneidest. Versuche anschließend, das Netz zu einem Würfel zu falten.

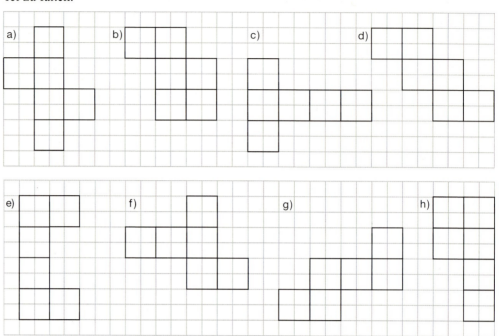

4 Zeichne die abgebildeten Würfelnetze in dein Heft. Kennzeichne jeweils die gegenüberliegenden Flächen des Würfels mit der gleichen Farbe.

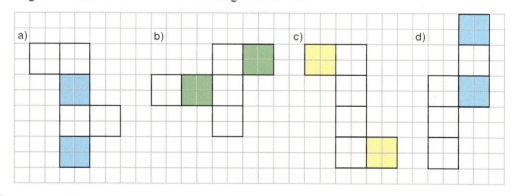

5 Ein Würfel hat die Kantenlänge von 2 cm. Zeichne vier verschiedene Würfelnetze und male jeweils gegenüberliegene Flächen mit der gleichen Farbe aus.

 Stelle dir vor, der abgebildete Würfel wird zur Hälfte in Tinte getaucht. Übertrage das Würfelnetz und färbe die Flächen entsprechend ein.

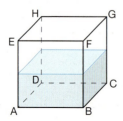 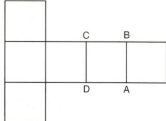

Würfelnetze

6 Übertrage die folgenden Würfelnetze in dein Heft. Wähle für die Seitenlängen der einzelnen Quadrate jeweils 1 cm.
Markiere mit der gleichen Farbe jeweils die beiden Quadratseiten, die beim Zusammenfalten zu einem Würfel eine Kante bilden.

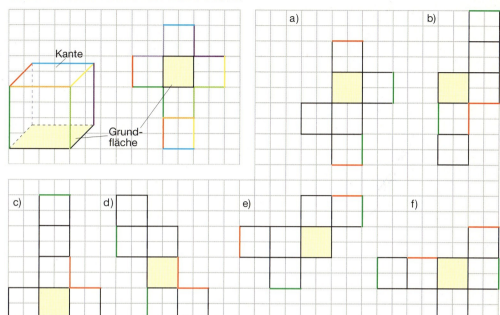

7 In der Abbildung ist eine Ecke des Würfels grün gefärbt.
Seine Grundfläche ist gelb gekennzeichnet.

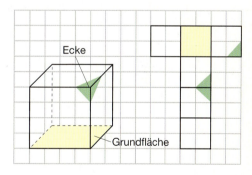

Übertrage die folgenden Würfelnetze. Färbe jeweils zwei weitere Quadratseiten so ein, dass beim Zusammenfalten die markierten Ecken eine gemeinsame Würfelecke ergeben.

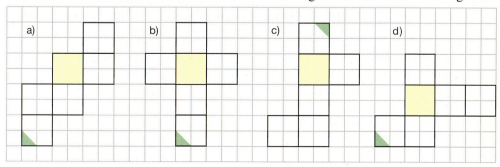

8 Es gibt elf verschiedene Netze eines Würfels. Zeichne alle auf ein Blatt kariertes Papier.

142 Quadernetze

1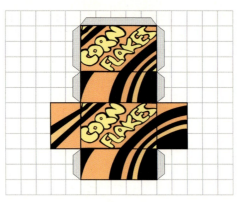

Nadine hat eine Cornflakespackung an den zusammengeklebten Kanten aufgetrennt.
Sie erhält das **Netz eines Quaders.**
Stelle mit Hilfe des abgebildeten Netzes einen Quader aus Karton her. Der Quader soll 8 cm lang, 6 cm breit und 4 cm hoch werden.

2 Übertrage die Quadernetze in dein Heft. Male Flächen, die sich im Quader gegenüber liegen, mit der gleichen Farbe aus.

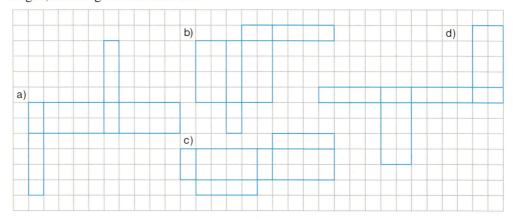

3 Übertrage die Quadernetze in dein Heft. Markiere in den einzelnen Quadernetzen jeweils die beiden Rechteckseiten mit gleicher Farbe, die beim Falten zu einem Quader zusammentreffen.

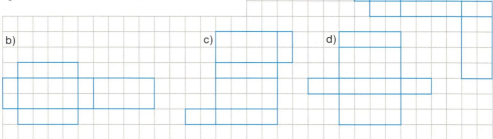

4 Ein Quader ist 5,5 cm lang, 2,5 cm breit und 4 cm hoch. Zeichne drei verschiedene Netze dieses Quaders auf kariertes Papier.
Überprüfe deine Lösungen, indem du das einzelne Netz ausschneidest und versuchst, es zu einem Quader zu falten.

Arbeiten mit Würfel und Quader

1 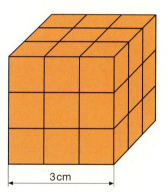 Eine Raupe krabbelt auf den Kanten eines Würfels. Welches ist der kürzeste, welches der weiteste Weg von Ecke E nach C?
Sie darf keine Ecke zweimal berühren.

2 Du willst aus Draht das Kantenmodell eines Würfels anfertigen. Welche Länge muss der Draht insgesamt haben, wenn eine Kante des Würfels 13 cm (24 cm, 10,5 cm) lang werden soll?

3 Melanie verarbeitet für das Kantenmodell eines Würfels eine 72 cm (168 cm, 1020 mm) langen Draht. Wie lang ist die Kante dieses Würfels?

4
a) Aus wie vielen kleinen Würfeln mit der Kantenlänge 1 cm setzt sich der abgebildete Würfel zusammen?
b) Der nebenstehende Würfel wird an seiner Außenfläche rot angestrichen. Wie viele kleine Würfel haben danach zwei rote Seitenflächen?
Gibt es auch kleine Würfel, die ungefärbt bleiben?

5 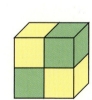 Stefan besitzt viele Würfel mit der Kantenlänge 1 cm. Er möchte damit größere Würfel bauen.
a) Wie viele kleine Würfel benötigt er zum Bau eines Würfels mit der Kantenlänge von 2 cm (4 cm, 6 cm)?
b) Er hat einen Würfel aus 125 kleinen Würfeln zusammengesetzt. Wie groß ist die Kantenlänge dieses Würfels?

6 Iris will aus 24 (36) Würfeln mit der Kantenlänge 1 cm einen Quader bauen. Welche Kantenlänge (Länge, Breite, Höhe) kann der Quader haben? Notiere fünf verschiedene Möglichkeiten.

7 Ein Holzstück mit den angegebenen Maßen soll so durchgesägt werden, dass Würfel mit der größtmöglichen Kantenlänge entstehen.
Wie groß wird die Kantenlänge der einzelnen Würfel?
Gib die Anzahl der Würfel an.
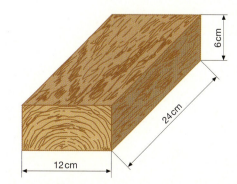

Schrägbilder

1 In dem Bild treffen Sonnenstrahlen schräg auf das Kantenmodell eines Würfels.
Auf der Wand entsteht dadurch ein Schatten.
Dieses Schattenbild ist ein **Schrägbild des Würfels.**

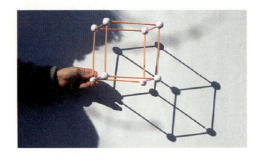

Um einen Körper anschaulich darzustellen, wird er häufig als Schrägbild gezeichnet.

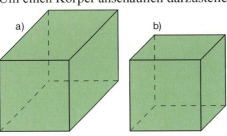

Die Abbildung zeigt zwei Schrägbilder. Miss in den beiden Zeichnungen jeweils die Länge der einzelnen Kanten.
Was stellst du fest?

Welches Bild stellt am anschaulichsten einen Würfel dar?

2 So kannst du das Schrägbild eines Würfels mit der Kantenlänge 2 cm zeichnen:

1. Schritt:

Zeichne die Vorderfläche des Würfels. Lege die Kanten auf Gitterlinien.

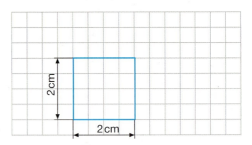

2. Schritt:

Zeichne die nach hinten laufenden Kanten auf Kästchendiagonalen.
Zeichne diese Kanten auf die Hälfte verkürzt.

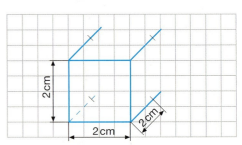

3. Schritt:

Verbinde die Eckpunkte. Zeichne alle nicht sichtbaren Kanten gestrichelt.

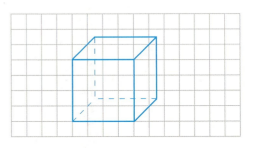

Schrägbilder

3 Zeichne das Schrägbild eines Würfels mit den folgenden Kantenlängen.
a) 6 cm b) 4 cm c) 5 cm d) 4,8 cm e) 54 cm f) 3,6 cm

4 Übertrage die angefangenen Schrägbilder eines Quaders in dein Heft und vervollständige sie.

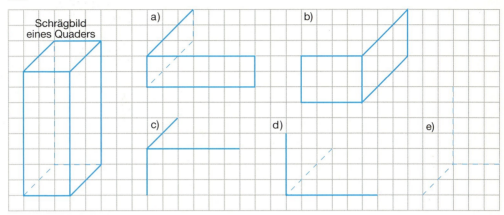

5 Zeichne das Schrägbild eines Quaders.

	a)	b)	c)	d)	e)	f)
Länge	6 cm	4,8 cm	52 mm	7,4 cm	42 mm	6 cm 4 mm
Breite	4 cm	2,6 cm	34 mm	3,6 cm	42 mm	4 cm 6 mm
Höhe	5 cm	5,4 cm	40 mm	5,2 cm	42 mm	3 cm 5 mm

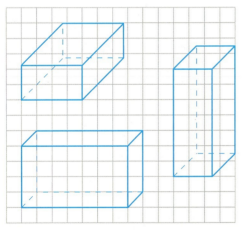

6 a) Was meinst du? Begründe deine Antwort.

b) Zeichne vier verschiedene Schrägbilder eines Quaders mit den Kantenlängen 2 cm, 4 cm und 6 cm (42 mm, 36 mm, 54 mm).

Sind hier drei verschiedene Quader abgebildet?

7 Zeichne zum abgebildeten Netz ein dazugehöriges Schrägbild des Quaders in doppelter Größe.

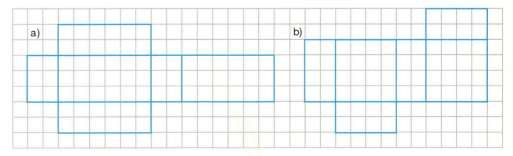

7 Umfang und Flächeninhalt

1
Die Theater-AG benötigt für die nächste Aufführung neue Kostüme. Utes Mutter will sie nähen. Dazu nimmt sie von jedem Kind mehrere Körpermaße. Sie misst an der Hüfte (wie in der Abbildung), an der Taille, am Handgelenk und am Kopf. Führe dieselben Messungen bei deinen Mitschülern durch.

2 Zeige den Umfang an verschiedenen Gegenständen im Klassenraum.

3 Zeichne den Umfang von verschiedenen Dingen in dein Heft (z. B. Geo-Dreieck, Lineal, Geldstück).

4 Uli hat mit einem Zollstock die folgenden Figuren gelegt. Bestimme bei jeder Figur den Umfang. Was stellst du fest?

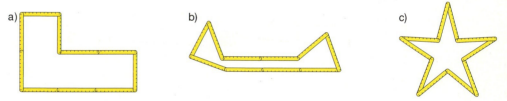

5 Wie groß ist der Umfang der abgebildeten Figuren?

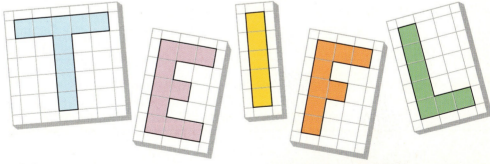

6 Miss den Umfang eines Baumes.

7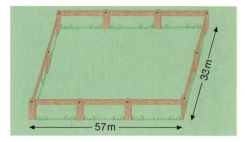

Umfang u des Rechtecks

57 m + 33 m + 57 m + 33 m = 180 m
oder
2·57 m + 2·33 m = 180 m
oder
2·(57 m + 33 m) = 180 m

Das abgebildete Grundstück wurde eingezäunt. Du siehst drei Möglichkeiten, wie der Umfang berechnet werden kann. Vergleiche die Lösungswege miteinander.

Umfang

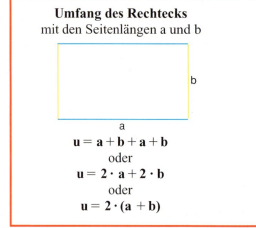

Umfang des Rechtecks mit den Seitenlängen a und b

$u = a + b + a + b$
oder
$u = 2 \cdot a + 2 \cdot b$
oder
$u = 2 \cdot (a + b)$

Umfang des Quadrats mit der Seitenlänge a

$u = a + a + a + a$
oder
$u = 4 \cdot a$

8 Zeichne ein Quadrat mit der Seitenlänge a = 6 cm. Bestimme seinen Umfang. Es gibt zwei Lösungswege. Schreibe sie auf.

9 Wie groß ist der Umfang folgender Rechtecke? Achte auf die Einheiten.

	a)	b)	c)	d)	e)	f)	g)	h)	i)	k)
Länge	20 cm	25 cm	78 cm	14 dm	81 mm	127 m	1,50 m	190 m	4,400 km	0,510 km
Breite	30 cm	35 cm	22 dm	46 cm	5 cm	230 dm	35 cm	1,010 km	440 m	5,100 km

L 100, 120, 372, 262, 300, 370, 596, 9680, 11220, 2400.

10 Berechne den Umfang eines Quadrats mit der Seitenlänge
a) 30 cm b) 75 dm c) 90 m d) 166 cm e) 190 mm f) 625 cm g) 125 mm h) 33 dm i) 1500 m

11 Zum Training laufen die Spieler achtmal um das 105 m lange und 75 m breite Spielfeld.
a) Welche Strecke hat jeder von ihnen dann zurückgelegt?
b) Wie viele Runden müssen sie für 3600 m laufen?

12 Ein Tennisplatz soll eingezäunt werden. Der Zaun soll jeweils von den Grundlinien 6,50 m und von den Seitenlinien 4,50 m entfernt sein. Wie viel Meter Maschendraht werden benötigt?

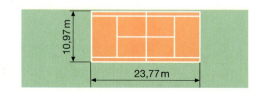

Umfang berechnen

13

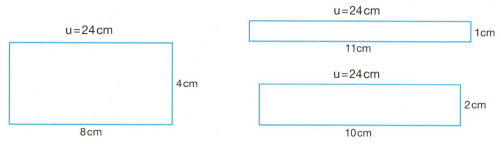

a) Finde zwei weitere Rechtecke mit dem Umfang u = 24 cm.
b) Zeichne vier verschiedene Rechtecke mit dem Umfang u = 18 cm.

14 Übertrage die Tabelle in dein Heft und berechne die Platzhalter.

	Umfang	halber Umfang	Länge	Breite
a)	60 cm	30 cm	20 cm	■
b)	80 cm	40 cm	■	13 cm
c)	140 cm	■	50 cm	■

15 Ein Rechteck hat einen Umfang von 100 cm. Seine Länge beträgt 18 cm (40 cm, 30 cm, 26 cm, 25 cm, 24 cm, 20 cm, 10 cm, 2 cm). Berechne die Breite.

L 10, 32, 25, 30, 40, 20, 24, 48, 26

16 Welche Rechtecke kannst du mit einer 60 m langen Leine abgrenzen? Gib mehrere Lösungen an. Die Seitenlängen sollen nur ganzzahlige Werte annehmen.

17 Der Umfang der drei Rechtecke und die Länge einer Seite sind jeweils bekannt. Berechne die fehlende Seitenlänge.

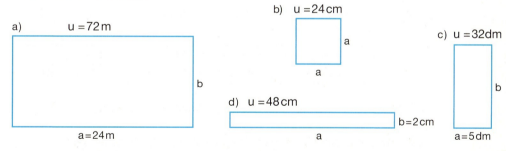

18 Vier gleichgroße Grundstücke haben durch den Verkauf von Teilflächen sehr verschiedene Formen bekommen. Berechne für jedes Grundstück den Umfang.

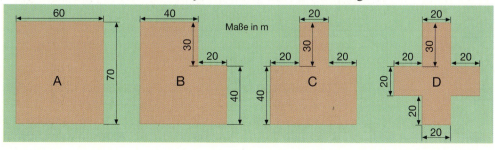

Flächeninhalt vergleichen

1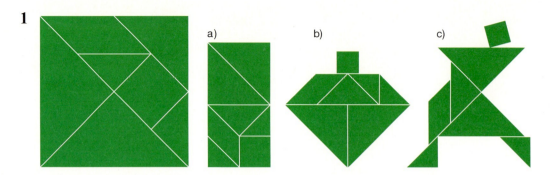

Ines und Gunnar haben mit ihrem Tangram die abgebildeten Figuren gelegt. Fertige dir ein Tangram an und lege die Figuren A, B und C nach. Welche Figur bedeckt die größte Fläche?

2 Übertrage die abgebildeten Flächen auf kariertes Papier und schneide sie aus. Zerlege die einzelnen Flächen so, dass du prüfen kannst, ob sie gleich groß sind.

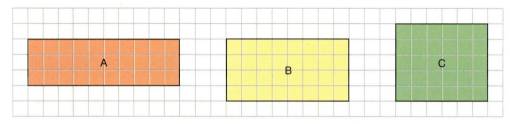

Flächeninhalt

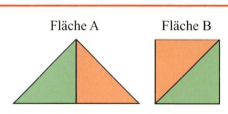

Der Flächeninhalt der Fläche A ist ebenso groß wie der Flächeninhalt der Fläche B.

Flächen, die in die gleichen Teilflächen zerlegt werden können, sind gleichgroß. Ihre Flächen haben den gleichen **Flächeninhalt.**

3 Vergleiche die abgebildeten Flächen F_1 bis F_{12} miteinander. Ergänze die Sätze, so dass wahre Aussagen entstehen.

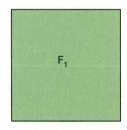 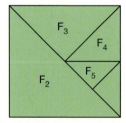 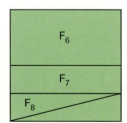 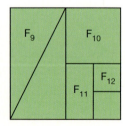

a) Der Flächeninhalt von F_1 ist doppelt so groß wie der Flächeninhalt von ▨
b) Der Flächeninhalt von F_1 ist viermal so groß wie der von ▨
c) Der Flächeninhalt von ▨ ist ebenso groß wie der von F_7 und der von ▨
d) Der Flächeninhalt von ▨ ist ebenso groß wie der von F_8 und der von ▨

Flächeninhalt vergleichen

4 Bestimme mit Hilfe der Rechenkästchen die gleich großen Flächen.

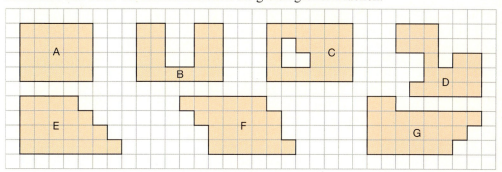

5 Bestimme den Flächeninhalt der abgebildeten Flächen, indem du die Rechenkästchen zählst. Erkläre, wie du bei schrägen Figurenteilen zum Ergebnis gekommen bist.

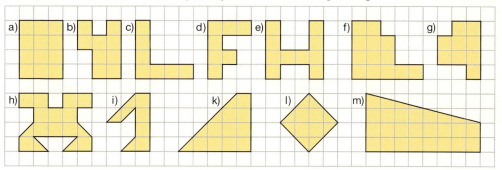

6 Der Fliesenleger ist bald fertig. Wie viele Fliesen muss er noch legen?

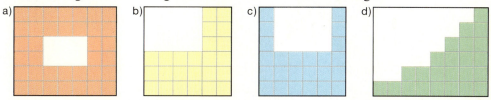

7 Übertrage die Figuren in gleicher Größe in dein Heft. Entnimm die Seitenlängen aus der Abbildung. Welche Figur hat den größeren Flächeninhalt? Beschreibe, wie du den Flächeninhalt der einzelnen Rechtecke ermittelst.

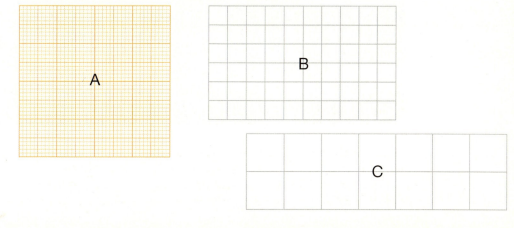

Flächeneinheiten

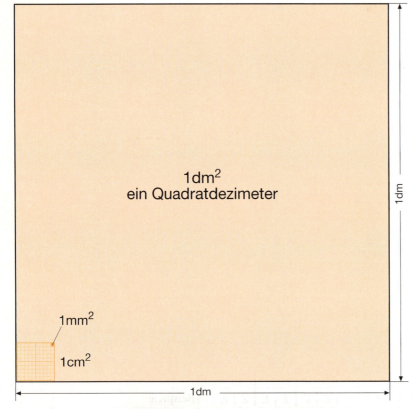

Zum Messen von Flächeninhalten werden Einheitsquadrate mit festgelegten Flächeninhalten verwendet.

Quadrat mit der Seitenlänge	Flächeninhalt	Name
1 mm	1 mm²	Quadratmillimeter
1 cm	1 cm²	Quadratzentimeter
1 dm	1 dm²	Quadratdezimeter
1 m	1 m²	Quadratmeter
10 m	1 a	Ar
100 m	1 ha	Hektar
1 km	1 km²	Quadratkilometer

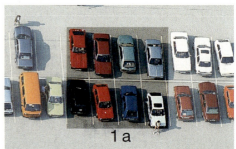

1 In welchen Flächeneinheiten würdest du folgende Flächen angeben?
   a) Teppichboden   b) Briefmarken   c) Ackerfläche   d) Niedersachsen
      Schulhof   Mikrochip   Baugrundstück Bodensee
      Postkarte   Familienfoto   Hauswand   Sportplatz

Flächeneinheiten umwandeln

$$1 \text{ km}^2 = 100 \text{ ha}$$
$$1 \text{ ha} = 100 \text{ a}$$
$$1 \text{ a} = 100 \text{ m}^2$$
$$1 \text{ m}^2 = 100 \text{ dm}^2$$
$$1 \text{ dm}^2 = 100 \text{ cm}^2$$
$$1 \text{ cm}^2 = 100 \text{ mm}^2$$

Die Umwandlungszahl ist 100.

1 Wandle um in die nächstkleinere Einheit.

a)	b)	c)	d)	e)	f)
5 m²	6 km²	83 km²	99 ha	4 ha	90 km²
8 dm²	60 dm²	60 ha	16 dm²	23 cm²	78 dm²
17 m²	81 a	99 dm²	55 cm²	39 dm²	7 km²
23 ha	34 ha	19 cm²	50 dm²	20 a	60 cm²
14 dm²	75 cm²	52 km²	45 a	90 km²	28 m²

2 Wandle um in die nächstgrößere Einheit.

a)	b)	c)	d)	e)	f)
6200 ha	200 m²	5000 m²	2100 cm²	1500 m²	3900 ha
8300 ha	8900 dm²	4600 mm²	6700 m²	49 000 a	7800 dm²
1000 ha	5200 cm²	62 000 a	900 a	300 dm²	540 000 m²
400 a	900 a	50 000 cm²	7200 ha	100 ha	24 700 mm²
1900 a	6200 mm²	7400 ha	8700 m²	4100 cm²	1900 a

km²		ha		a		m²		dm²		cm²		mm²	
Z	E	Z	E	Z	E	Z	E	Z	E	Z	E	Z	E
										2	8	5	
							5	3	7	9			
					1	9	3	0					
				7	5	0							
											5		
						7	3						

Beispiele

2 cm² 85 mm² = 2,85 cm²
53 dm² 79 cm² = 53,79 dm²
19 m² 30 dm² = 19,30 m²
7 a 50 m² = 7,50 a
5 cm² = 0,05 dm²
73 dm² = 0,73 m²

= 17,56 m²
= 1756 dm²

3 Verwandle in die nächstkleinere Einheit.

a)	b)	c)	d)	e)	f)
78,90 cm²	5,30 m²	8,30 km²	14,23 m²	66,30 km²	10,23 m²
7,89 m²	29,21 a	80,03 ha	35,19 dm²	9,03 ha	54,19 dm²
11,04 dm²	16,50 ha	83,30 a	99,99 cm²	3,30 a	90,09 cm²
45,30 m²	9,21 cm²	0,07 dm²	0,58 a	11,30 cm²	63,12 km²
5,30 a	0,21 ha	0,64 km²	67,10 ha	0,09 ha	0,07 a

7 m² 38 dm²
= 7,38 m²

4 Schreibe mit Komma in der größten genannten Einheit.

a)	b)	c)	d)	e)
5 m² 42 dm²	7 a 65 m²	9 dm² 5 cm²	9 cm² 5 mm²	8 m² 30 dm²
9 dm² 15 cm²	18 m² 13 dm²	80 m² 3 dm²	15 m² 2 dm²	90 dm² 10 cm²
79 ha 26 a	20 a 50 m²	90 dm² 1 cm²	80 ha 7 a	25 a 50 m²
41 m² 75 dm²	34 ha 25 a	11 a 5 m²	43 dm² 6 cm²	180 m² 8 dm²

5 Schreibe mit Komma in der nächstgrößeren Einheit.

a)	b)	c)	d)	e)
340 mm²	1750 m²	40 mm²	70 a	5 dm²
980 ha	4580 cm²	30 dm²	1 a	90 cm²
485 m²	1015 ha	50 m²	2 ha	1240 m²
733 ha	4865 mm²	75 ha	25 ha	16 mm²

6 Wie groß sind die angegebenen Grundstücke in Quadratmeter?

7 Schreibe in der kleinsten genannten Einheit.
a) 7 km² 55 ha
   70 km² 50 ha
   55 ha 13 a
b) 5 ha 4 a
   95 a 20 m²
   9 a 20 m²
c) 14 m² 17 dm²
   40 m² 5 dm²
   6 m² 4 d m²
d) 70 dm² 30 cm²
   7 dm² 30 cm²
   80 cm² 3 mm²

8 Schreibe mit Komma in der nächstgrößeren Einheit.
a) 17 ha
   25 m²
   33 a
b) 19 m²
   1 dm²
   5 cm²
c) 229 ha
   117 a
   3 m²
d) 125 cm²
   8 mm²
   30 ha
e) 87 m²
   6 ha
   45 dm²

9 Vergleiche (<, >, =)
a) 230 cm² ■ 23 dm²
   2500 mm² ■ 25 cm²
   10 000 a ■ 1 km²
   1 200 a ■ 120 ha
b) 34 000 dm² ■ 34 a
   57 000 ha ■ 57 km²
   43 400 ha ■ 43 km² 400
   51 000 mm² ■ 5 dm² 10 cm²
c) 1750 m² ■ 1 dm² 75 cm²
   4444 mm² ■ 44 cm² 4 mm²
   13 500 a ■ 13 ha 50 a
   90 909 dm² ■ 9 a 9 m² 9 dm²

10 Schreibe in den angegebenen Flächeneinheiten
a) $\frac{1}{2}$ m² (dm²)
   $\frac{1}{4}$ dm² (cm²)
   $\frac{3}{4}$ cm² (mm²)
b) $\frac{1}{2}$ ha (a)
   $\frac{1}{4}$ km² (ha)
   $\frac{3}{4}$ a (m²)
c) $\frac{1}{2}$ m² (cm²)
   $\frac{1}{4}$ km² (a)
   $\frac{3}{4}$ ha (m²)
d) $1\frac{1}{2}$ m² (dm²)
   $1\frac{1}{4}$ dm² (cm²)
   $2\frac{3}{4}$ km² (ha)

11 Ordne den Flächen eine passende Einheit zu. Bei der richtigen Zuordnung ergeben die zugehörigen Buchstaben einen Sinn.

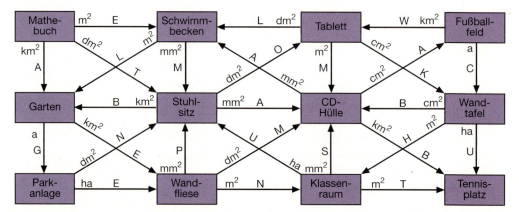

Flächeninhalt berechnen

1 Sandras Zimmer soll mit einem Teppichboden ausgelegt werden. Ihr Bruder Holger hat den Grundriss des Zimmers auf kariertes Papier gezeichnet. Mithilfe der Zeichnung will er den Flächeninhalt des Zimmers bestimmen.

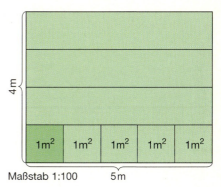

Wie wird Sandra rechnen?

2 a) In dem Beispiel wird der Flächeninhalt eines Rechtecks mit den Seitenlängen 6 cm und 3 cm berechnet. Erläutere den Lösungsweg.

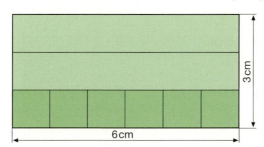

$$\frac{\text{Flächeninhalt}}{\text{eines Streifens}} \cdot \frac{\text{Anzahl}}{\text{der Streifen}} = \frac{\text{Flächeninhalt}}{\text{des Rechtecks}}$$

$$6 \text{ cm}^2 \cdot 3 = 18 \text{ cm}^2$$

b) Bestimme den Flächeninhalt der abgebildeten Rechtecke. Ergänze dazu die Tabelle im Heft.

Figur	Länge	Breite	Flächeninhalt
I	2 m	8 m	16 m²
II	3 dm	8 dm	dm²

Maße in cm

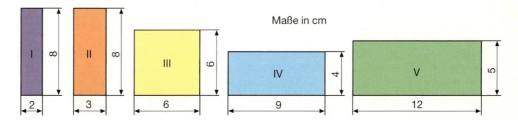

3 In dem Beispiel siehst du, wie der Flächeninhalt eines Rechtecks auch berechnet werden kann.
Bestimme ebenso den Flächeninhalt eines Rechtecks mit $a = 20$ m und $b = 15$ m sowie den eines Quadrats mit der Seitenlänge $a = 15$ m.

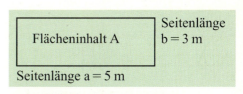

Flächeninhalt des Rechtecks
$A = 5 \text{ m} \cdot 3 \text{ m}$
$A = 15 \text{ m}^2$

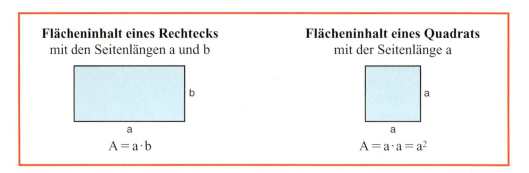

4 Berechne den Flächeninhalt. Achte auf die Einheiten.

	a)	b)	c)	d)	e)	f)	g)	h)	i)	k)
Länge	12 m	14 dm	22 m	25 m	0,9 dm	50 m	12 cm	4 m	1,5 m	2 km
Breite	8 m	11 dm	50 dm	22 m	12 cm	50 m	120 mm	250 cm	15 dm	800 m

5 Berechne die Größe der Spielfelder für
a) Fußball (105 m lang, 70 m breit)   b) Basketball (26 m lang, 14 m breit)
c) Völkerball (12 m lang, 8 m breit)   d) Korbball (60 m lang, 25 m breit)

6 Berechne die fehlende Seitenlänge der abgebildeten Rechtecke.

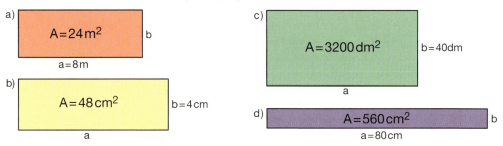

7 Berechne die fehlende Seite des Rechtecks.

	a)	b)	c)	d)	e)	f)	g)
Flächeninhalt	160 m²	180 m²	340 m²	5459 m²	75 m²	8700 m²	10 500 m²
Länge	8 m	9 m	20 m	53 m	15 m	100 m	250 m

8 Wie groß ist die Seitenlänge folgender Quadrate?
a) $A = 64\ m^2$ b) $A = 81\ mm^2$ c) $A = 100\ dm^2$ d) $A = 144\ cm^2$ e) $A = 169\ km^2$ f) $A = 196\ a$

9 Berechne den Flächeninhalt.

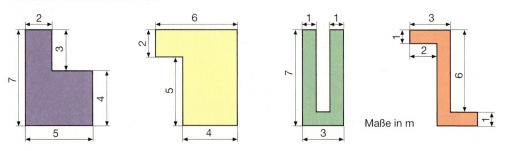

Maße in m

Flächen in der Natur berechnen

1 Förster Bär will das abgebildete rechtwinklige Brachland aufforsten. Auf je zehn Quadratmeter Fläche werden zwei Buchen und vier Eichen gepflanzt.
Berechne jeweils die Anzahl der benötigten Buchen- und Eichenpflanzen.

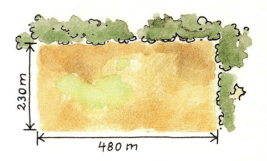

2 Durch ein 5 km langes Waldstück wird für eine neue Straße eine 15 m breite Schneise geschlagen. Wie viel Quadratmeter Waldfläche müssen für die Straße gerodet werden?

3

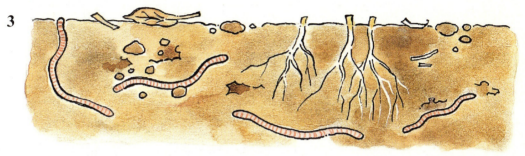

Regenwürmer sind im Ackerboden sehr wertvoll, weil sie mit ihrem Kot einen natürlichen Dünger liefern. Landwirt Bruns schätzt, dass in einem Quadratmeter seines Ackers im Herbst etwa 50 Regenwürmer leben. Wie viele Regenwürmer befinden sich demnach auf einer Fläche der folgenden Größe?
   a) 2500 m²   b) 1000 m²   c) 9 a   d) 14,40 a   e) 36 ha   f) 1 km²

4 In den drei Herbstmonaten „verarbeiten" die Regenwürmer auf 1 m² großen Fläche etwa 1 kg Stoppeln zu 500 g Dünger. Wie viel Kilogramm Kunstdünger kann der Landwirt dadurch auf einer Ackerfläche der folgenden Größe sparen?
   a) 4900 m²   b) 10000 m²   c) 25 a   d) 16 ha   e) 1 ha 69 a   f) 1 km²

5

Bäume geben über ihre Blätter Sauerstoff ab, den die Menschen einatmen. Das Kohlenstoffdioxid, das die Menschen ausatmen, nehmen die Bäume über ihre Blätter auf.
Das menschliche Atemorgan ist die Lunge mit ihren 350 Millionen Lungenbläschen. Ihre gesamte Oberfläche ist etwa 150 m² groß. Vergleiche diesen Flächeninhalt jeweils mit dem Inhalt der Blattoberflächen der angegebenen Bäume.

8 Teilbarkeit

1

Bei einem Staffelwettbewerb sollen 72 Schülerinnen und Schüler in gleich große Riegen eingeteilt werden. Jede Riege soll mehr als 5 und weniger als 20 Schülerinnen und Schüler stark sein. Welche Möglichkeiten gibt es?

2 a) Anna hält sich mit ihrer Klasse in der Jugendherberge Bad Iburg auf. Für eine Stadtrallye sollen die 24 Schülerinnen und Schüler in gleich große Gruppen aufgeteilt werden. Welche gleich großen Gruppen lassen sich bilden?
b) In der Parallelklasse befinden sich 27 Schülerinnen und Schüler. Welche Aufteilung ist dort möglich?

Vielfaches
Teiler

54 : 6 = 9   ist Teiler von   54 = 6 · 9
54 ist durch 6 teilbar.   54 ist ein **Vielfaches** von 6
6 ist **Teiler** von 54.
Man schreibt: 6 | 54

ist Vielfaches von

45 ist nicht durch 8 teilbar. Beim Teilen bleibt ein Rest.
8 ist **nicht Teiler** von 45.   45 ist **nicht Vielfaches** von 8.
Man schreibt: 8 ∤ 45

---

3 Welche Zahlen zwischen 10 und 70 sind Vielfache
    a) von 11   b) von 20   c) von 5   d) von 4   e) von 49   f) von 84?

4 a) Sebastian hat alle neun Teiler von 36 gefunden. Welche sind es?
   b) Findest du zehn Teiler von 48?

5 Schreibe zu den ersten drei Vielfachen einer Zahl die nächsten vier Vielfachen auf.
    a) 8, 16, 24, …   b) 13, 26, 39, …   c) 16, 32, 48, …   d) 24, 48, 72, …

6 Notiere die Buchstaben, bei denen du das Zeichen „∤" für den Platzhalter eingesetzt hast. Sie ergeben ein Lösungswort.

a)	4 ▪ 12	A	b)	2 ▪ 87	R	c)	12 ▪ 36	T	d)	30 ▪ 120	N	e)	12 ▪ 48	D
	19 ▪ 19	E		26 ▪ 13	E		11 ▪ 11	S		48 ▪ 6	T		144 ▪ 72	R
	8 ▪ 56	K		6 ▪ 24	O		44 ▪ 11	I		32 ▪ 4	E		36 ▪ 72	N

Teiler und Vielfache

7 Du findest jeweils ein Lösungswort.

	K	M	R	B	I	E	I	L	S	E	N
a) 48 ist ein Vielfaches von	36	12	10	96	480	8	16	5	4	24	100
b) 12 ist ein Teiler von	4	3	24	6	50	36	72	1	12	60	2
c) 30 ist ein Vielfaches von	10	60	5	8	90	15	6	4	2	120	150
d) 6 ist ein Teiler von	2	3	12	70	56	60	30	76	48	16	46
e) 16 ist ein Vielfaches von	32	40	16	48	1	2	160	100	4	8	60
f) 24 ist ein Teiler von	3	8	2	6	12	48	72	12	24	60	4

8 Übertrage die Rätsel in dein Heft und löse sie.

a)

waagerecht
2) Vielfaches von 37
4) Vielfaches von 18
5) Teiler von 54
6) Teilbar durch 85

senkrecht
1) Teiler von 84
2) Teiler von 202
3) Vielfaches von 75
7) Vielfaches von 14

b)

waagerecht
1) Vielfaches von 111
3) Teiler von 48
5) Teiler von 50
6) Vielfaches von 16
7) Teilbar durch 9
9) Teiler von 70
10) Vielfaches von 25

senkrecht
1) Teiler von 62
2) Vielfaches von 8
3) Vielfaches von 15
4) Vielfaches von 18
8) Teiler von 84
9) Vielfaches von 14

9 Tim hat alle Teiler von 36 gefunden und aufgeschrieben. Bestimme jeweils alle Teiler der Zahlen 12, 15, 16 und 25.

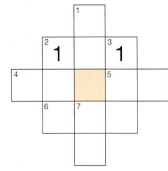

10 Wie heißen die ersten zehn Vielfachen der Zahl 9 (13, 25 und 60)?

Teilermenge

Alle Teiler einer Zahl bilden ihre **Teilermenge**.
$T_{20} = \{1, 2, 4, 5, 10, 20\}$

Vielfachenmenge

Alle Vielfachen einer Zahl bilden ihre **Vielfachenmenge**.
$V_8 = \{8, 16, 24, 32, ...\}$

 Vier radeln um die Wette
Anna fährt langsamer als Steffi und Markus, Steffi fährt langsamer als Markus, aber nicht so langsam wie Boris. Wer fährt am schnellsten?

Teilermengen und Vielfachenmengen

1 Bilde folgende Teilermengen.
   a) T_{18} b) T_{24} c) T_{28} d) T_{32} e) T_{40} f) T_{42} g) T_{45} h) T_{50} i) T_{70}

2 Einige Teilermengen sind falsch angegeben. Suche sie heraus und schreibe sie richtig in dein Heft.
   a) $T_{24} = \{1, 2, 3, 6, 8, 12, 24\}$ b) $T_{30} = \{2, 3, 5, 6, 10, 30\}$
   $T_{36} = \{1, 2, 3, 4, 9, 12, 18, 36\}$ $T_{42} = \{1, 2, 3, 6, 7, 14, 21, 42\}$
   $T_{50} = \{1, 2, 5, 10, 25\}$ $T_{48} = \{1, 2, 3, 4, 6, 8, 12, 16, 24, 48\}$

3 Welche Zahlen fehlen hier? Schreibe die vollständige Teilermenge in dein Heft.
   a) $T_\blacksquare = \{1, \blacksquare, 25\}$ b) $T_\blacksquare = \{1, 2, 3, 4, \blacksquare, 12\}$ c) $T_\blacksquare = \{\blacksquare, 17\}$
   $T_\blacksquare = \{1, 3, \blacksquare\}$ $T_\blacksquare = \{1, 2, 3, \blacksquare\}$ $T_\blacksquare = \{\blacksquare, 5, 11, \blacksquare\}$

4 Wo ist die Menge aller Vielfachen richtig angegeben?
   a) $V_{12} = \{12, 24, 36, 48, 60, \ldots\}$ b) $V_{31} = \{31, 62, 63, 94, \ldots\}$
   c) $V_{20} = \{40, 60, 80, 100, 120 \ldots\}$ d) $V_{11} = \{11, 22, 33, 44, 55\}$

Auch 12 ist ein Vielfaches von 12.

5 Schreibe die Vielfachenmenge auf. Gib die ersten sechs Zahlen an.
   a) V_7 b) V_{11} c) V_{15} d) V_{21} e) V_{25} f) V_{30} g) V_{110}

6 Um welche Vielfachenmenge handelt es sich hier? Bestimme die Platzhalter.
   a) $V_\blacksquare = \{9, 18, \blacksquare, 36, \blacksquare, \blacksquare, \ldots\}$ b) $V_\blacksquare = \{\blacksquare, 10, \blacksquare, \blacksquare, 25, \ldots\}$
   c) $V_\blacksquare = \{\blacksquare, \blacksquare, 21, \blacksquare, 35, \ldots\}$ d) $V_\blacksquare = \{\blacksquare, \blacksquare, 75, 100, \blacksquare, \ldots\}$

7 Bestimme die Platzhalter.
   a) $V_\blacksquare = \{\ldots, \blacksquare, 18, 24, 30, \blacksquare, \ldots\}$ b) $V_\blacksquare = \{\ldots, \blacksquare, 150, 180, 210, \blacksquare, \ldots\}$
   c) $V_\blacksquare = \{\ldots, 33, \blacksquare, \blacksquare, 66, \ldots\}$ d) $V_\blacksquare = \{\ldots, 140, \blacksquare, 280, 350, \blacksquare, \ldots\}$

8 Bei den Teilermengen fehlen Zahlen. Ergänze.
   a) $T_\blacksquare = \{1, 2, 4, 8\}$ b) $T_\blacksquare = \{1, \blacksquare, 9\}$ c) $T_\blacksquare = \{1, 2, 5, \blacksquare, 25, 50\}$
   d) $T_\blacksquare = \{1, 3, \blacksquare, 15\}$ e) $T_\blacksquare = \{1, \blacksquare, \blacksquare, 6, 9, 18\}$ f) $T_{56} = \{1, 2, 4, 7, 8, 14, 28, \blacksquare\}$

9 Alle Teiler einer Zahl sind hier versteckt. Wie heißt die Zahl? Du erhältst ein Lösungswort.
a)
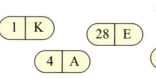

b)
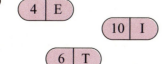

Teilermengen und Vielfachenmengen

10 Zu welchen Vielfachenmengen gehört a) die Zahl 28, b) die Zahl 51, c) die Zahl 80? Nenne alle Möglichkeiten.

11 Um welche Vielfachenmenge handelt es sich hier? Schreibe je 3 Zahlen dazu.
a) $V_■ = \{■, 18, ■, 36, ■, ...\}$ b) $V_■ = \{23, ■, ■, 92, ■, ...\}$
c) $V_■ = \{■, ■, ■, 52, 65, ...\}$ d) $V_■ = \{■, ■, 45, ■, 75, ...\}$

12 Bestimme die Platzhalter.
a) $V_■ = \{..., ■, ■, 175, 200, 225, ■, ■, ..., ■, ■, 400, ...\}$
b) $V_■ = \{..., ■, ■, 154, 168, 182, ■, ■, ..., ■, ■, 350, ...\}$
c) $V_■ = \{■, ■, 336, 448, 560, ■, ■, ... ■, 1120, ...\}$
d) $V_■ = \{..., ■, ■, 1050, 1260, 1470, ■, ■, ..., ■, 3780, ...\}$

13 Wo ist T_{150} richtig angegeben?
a) $\{1, 2, 3, 5, 10, 15, 30, 50, 75, 150\}$ b) $\{1, 2, 3, 5, 6, 10, 15, 25, 30, 75, 150\}$
c) $\{1, 2, 3, 5, 6, 10, 15, 25, 50, 75, 150\}$ d) $\{1, 2, 3, 5, 6, 10, 30, 75, 150\}$

14 Welche Zahlen fehlen hier? Schreibe die vollständige Teilermenge in dein Heft.
a) $T_■ = \{■, 5, 11, ■\}$ b) $T_■ = \{1, 3, ■, 27, 81\}$
c) $T_■ = \{1, 5, ■, ■\}$ d) $T_■ = \{1, ■, 4, ■, 22, ■\}$
e) $T_■ = \{1, 2, 3, ■, 6, ■, 12, ■\}$ f) $T_■ = \{■, ■, 169\}$

15 Ergänze die Zahlen, so dass eine vollständige Teilermenge entsteht.
a) $T_■ = \{■, 2, ■, 6\}$ b) $T_■ = \{■, ■, 3, 4, ■, 12\}$ c) $T_■ = \{1, ■, ■, ■, ■, 50\}$
d) $T_■ = \{1, ■, 3, ■, 9, ■\}$ e) $T_■ = \{■, ■, ■, 15\}$ f) $T_■ = \{1, ■, 4, ■, ■\}$

16 Bilde folgende Teilermengen:
a) T_{91} b) T_{62} c) T_{84} d) T_{81} e) T_{76} f) T_{51} g) T_{169} h) T_{144} i) T_{1000}

17 Welche Teilermengen haben 4 (5, 6) Teiler? Gib jeweils zwei Beispiele dazu an.

18 Schreibe drei Teilermengen auf, in denen die Zahlen 2, 4 und 8 enthalten sind.

Übertrage die Quadrate in dein Heft. Trage alle neun Zahlen so ein, dass benachbarte Zahlen Teiler oder Vielfache voneinander sind (Nachbarn liegen unmittelbar neben, unter oder über einer Zahl).

a) 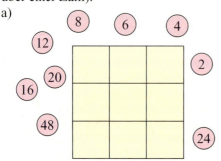 b)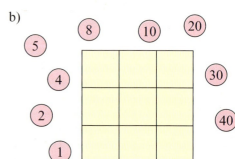

Gemeinsame Teiler, größter gemeinsamer Teiler (ggT)

1 An der Straßenfront des Kindergartens sollen in gleichmäßigen Abständen Sträucher eingepflanzt werden. Welche Abstände sind dabei möglich? Nenne nur ganze Meterzahlen.

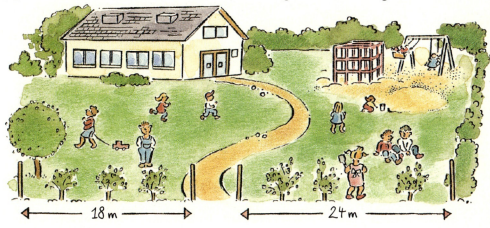

gemeinsame Teiler ggT

Die **gemeinsamen Teiler** von 12 und 16 sind die Zahlen 1, 2 und 4.

Der **größte gemeinsame Teiler (ggT)** von 12 und 16 ist 4.

$T_{12} = \{\underline{1}, \underline{2}, 3, \underline{4}, 6, 12\}$

$T_{16} = \{\underline{1}, \underline{2}, \underline{4}, 8, 16\}$

ggT (12, 16) = 4

2 Schreibe jeweils die Teilermengen auf und unterstreiche die gemeinsamen Teiler. Bestimme anschließend den größten gemeinsamen Teiler.
  a) 15 und 25   b) 30 und 24   c) 25 und 10   d) 30 und 40   e) 24 und 16
     6 und 30   16 und 32   20 und 28   16 und 18   40 und 28

3 Bestimme den größten gemeinsamen Teiler (ggT) von:
  a) 12 und 8   b) 18 und 12   c) 15 und 18   d) 27 und 30   e) 22 und 55
     10 und 26   6 und 27   24 und 30   30 und 36   32 und 8

4 Bestimme im Kopf den ggT von:
  a) 10 und 50   b) 12 und 28   c) 24 und 32   d) 14 und 28   e) 10, 25 und 35
     60 und 20   11 und 17   35 und 21   32 und 16   12, 18 und 21
     9 und 6   26 und 8   45 und 35   16 und 40   18, 24 und 42

5 Ersetze den Platzhalter.
  a) ggT (18, 20) = ■   b) ggT (17, 21) = ■   c) ggT (32, 48) = ■   d) ggT (16, 20) = ■
     ggT (45, 60) = ■   ggT (8, 42) = ■   ggT (9, 35) = ■   ggT (36, 48) = ■
     ggT (75, 100) = ■   ggT (52, 30) = ■   ggT (14, 42) = ■   ggT (18, 63) = ■

L 1, 1, 2, 2, 2, 4, 9, 12, 14, 15, 16, 25

6 Bestimme den ggT von:
  a) 16, 20 und 24   b) 36, 54 und 18   c) 12, 15 und 21   d) 15, 18 und 42
     24, 36 und 60   42, 56 und 63   36, 54 und 90   14, 35 und 70
     50, 75 und 90   20, 63 und 90   48, 80 und 96   105, 35 und 77

L 18, 1, 7, 4, 18, 12, 3, 16, 5, 3, 7, 7

7 Bei welchen Zahlenpaaren ist der größte Teiler 1?
  a) 15 und 25   b) 21 und 10   c) 32 und 44   d) 16, 22 und 58   e) 25, 75 und 12
     33 und 35   57 und 20   9 und 14   12, 21 und 43   44, 88 und 121

8 Suche fünf Beispiele, bei denen je zwei Zahlen den größten gemeinsamen Teiler 1 haben.

9 Vervollständige die Tabelle in deinem Heft.

a)
ggT	21	35	42	25	30	60
14						
28						
35						

b)
ggT	60	80	84	100	120	150
12						
24						
25						

Lösungen: 1 (3mal), 2 (3mal) usw.

10 Der ggT ist angegeben. Finde passende Zahlen.
  a) ggT (12, ■) = 4   b) ggT (6, ■) = 3   c) ggT (■, 24) = 12   d) ggT (■, 45) = 15
     ggT (28, ■) = 7   ggT (25, ■) = 5   ggT (■, 16) = 8   ggT (■, 14) = 14

11 a) Übertrage die Zeichnungen vergrößert in dein Heft.
  b) Schreibe die Teilermengen von T_{18} und T_{30} auf.
  c) Trage die Teiler in die richtigen Gebiete ein. (Im Gebiet mit rotem Rand sollen die Teiler von 18 stehen)

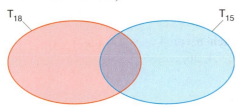
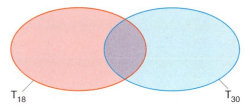

  d) Zeichne für die Teiler von 18 und 15 ein entsprechendes Bild und trage die Teiler in die richtigen Gebiete ein.

12 Familie Dieks will für die Spielkiste ihrer Kinder zwei Kanthölzer (1,20 m; 0,96 m) in gleich große Stücke zersägen. Es sollen möglichst große Stücke werden. Welche Länge haben sie und wie viele werden es?

13

Nicole stellt für die Freiarbeit Karteikarten aus farbigen Tonpapier her. Die Karten sollen eine quadratische Form haben und aus Blättern ausgeschnitten werden, die 56 cm lang und 32 cm breit sind. Es soll kein Papierrest übrig bleiben.
Welches ist das größtmögliche Maß für eine quadratische Karteikarte?
Wie viele Karteikarten erhält Nicole aus einem Blatt Tonpapier?

Gemeinsame Vielfache, kleinstes gemeinsames Vielfaches (kgV)

1 Am Hauptbahnhof fahren um 8 Uhr eine U-Bahn und eine Straßenbahn ab. Die Straßenbahnen verkehren im Abstand von 9 Minuten, die U-Bahnen alle 6 Minuten.
Zu welchen Zeiten fahren Straßenbahnen und U-Bahnen bis 12 Uhr wiederum gleichzeitig ab?

gemeinsame Vielfache kgV

Die **gemeinsamen Vielfachen** von 4 und 6 sind die Zahlen 12, 24, 36, …

Das **kleinste gemeinsame Vielfache (kgV)** von 4 und 6 ist 12.

$V_4 = \{4, 8, \underline{12}, 16, 20, \underline{24}, 28, 32, \underline{36}, …\}$

$V_6 = \{6, \underline{12}, 18, \underline{24}, 30, \underline{36}, 42, …\}$

kgV (4, 6) = 12

2 Schreibe die Vielfachenmengen auf und unterstreiche die gemeinsamen Vielfachen. Bestimme anschließend das kleinste gemeinsame Vielfache.
   a) 6 und 8   b) 20 und 30   c) 15 und 20   d) 8 und 12   e) 16 und 24
      10 und 15   6 und 9   4 und 12   13 und 26   3 und 15

3 Bestimme das kleinste gemeinsame Vielfache (kgV).
   a) 30 und 5   b) 7 und 8   c) 16 und 24   d) 15, 12, und 6   e) 12, 20 und 30
      20 und 25   5 und 9   12 und 30   14, 35 und 7   4, 9 und 12

4 Bestimme im Kopf das kgV.
   a) 2 und 5   b) 11 und 4   c) 10 und 12   d) 33 und 22   e) 4,6 und 8
      6 und 8   9 und 6   15 und 20   40 und 60   8, 12 und 24
      8 und 9   25 und 20   111 und 777   2 und 125   3,4 und 6

5 Übertrage die Tabellen in dein Heft und bilde das kgV.

a)

kgV	4	10	15	12	11	20	24
6							
15							

b)

kgV	3	10	7	4	12	20	25
5							
8							

Vermischte Übungen zu ggT und kgV

1 a) Schreibe die ersten fünf Vielfachen von 12 und 15 auf. Übertrage die Zeichnung in dein Heft und trage diese Vielfachen von 12 und 15 in die richtigen Gebiete ein.
b) Gib das kgV von 12 und 15 an.

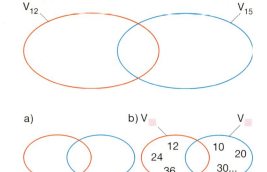

2 Übertrage die Zeichnung vergrößert in dein Heft. Setze jeweils die ersten sechs Vielfachen ein. Wie heißt das kgV?

3 Vervollständige die Tabellen im Heft.

a)
	2; 4	7; 9	8; 12	18; 27	11; 13	17; 51	3; 44
kgV							
ggT							

b)
	14; 35	24; 36	20; 25	53; 100	30; 45
ggT					
kgV					

4 a) Das kleinste gemeinsame Vielfache zweier Zahlen ist 24. Gib drei Möglichkeiten an, wie die beiden Zahlen heißen können.
b) Schreibe je drei Zahlenpaare auf, wenn das kgV 30 (45, 63, 75) heißt.

5 Zwei Kinder wollen gleich hohe Türme aus Holzwürfeln bauen. Das erste Kind nimmt nur Würfel mit 8 cm Kantenlänge, das andere nur Würfel mit 10 cm Kantenlänge.
a) Wann sind beide Türme das erste Mal gleich hoch?
b) Wie viele Würfel hat jeder dabei aufgestapelt?

6 Zwei Läufer trainieren gleichzeitig auf der 400 m-Bahn eines Stadions. Der erste braucht für eine Runde zwei Minuten, der zweite 90 Sekunden.
Nach wie vielen Minuten hat der zweite den ersten überholt?

7 Beim Schwimmtraining im 25 m-Becken braucht Birgit für eine Bahn 30 s, Kerstin 25 s. Nach wie vielen Bahnen schlagen beide gleichzeitig am Beckenrand an?

8

Eine Treppe hat 50 Stufen. Philipp nimmt beim Treppensteigen bei jedem Schritt zwei Stufen auf einmal, sein größerer Bruder Dirk drei Stufen. Auf welchen Stufen treten sie jeweils gemeinsam auf?

Teilbarkeit durch 2, 5 und 10

1

Diese Aufgabe löst du bestimmt.

5233 7206 144 765 3488 329
715 820 332 70 050 992 1774 2727
1608 470 3355 135 1596 1003
1110 3553 17 179 3582 2225

a) Welche der abgebildeten Zahlen sind durch 2 teilbar?
b) Woran erkennst du, ob eine Zahl durch 2 teilbar ist?
c) Welche der abgebildeten Zahlen sind durch 5 teilbar?
d) Woran erkennst du die Teilbarkeit durch 5?

2 a) Welche der folgenden Zahlen sind durch 10 teilbar?
7433 2800 33 384 625 72 100 80 005 5000 7720
6950 217 31 000 3611 180 901 010 8727
b) Welche der Zahlen lassen sich durch 100, durch 1000 teilen?
c) Woran erkennst du die Teilbarkeit durch 10, 100, 1000, …?

> Eine Zahl ist **durch 10 teilbar**, wenn ihre letzte Ziffer eine **0** ist.
> Eine Zahl ist **durch 5 teilbar**, wenn ihre letzte Ziffer eine **0** oder **5** ist.
> Eine Zahl ist durch **2 teilbar**, wenn ihre letzte Ziffer eine **0, 2, 4, 6** oder **8** ist.

3 a) Suche aus der Tabelle die Zahlen heraus, die durch 2 teilbar sind.
b) Finde die Zahlen, die durch 5 teilbar sind.
Bei richtiger Lösung erhältst du die Namen von zwei großen europäischen Städten.

G	B	K	I	E	L	R	A	S	N	F	T
246	375	803	777	420	801	1115	3003	7009	3000	9066	5007

4 Setze | oder ∤ ein. Notiere die Buchstaben, bei denen du das Zeichen ∤ für den Platzhalter eingesetzt hast. Sie ergeben ein Lösungswort.
a) 2 ▪ 443 E   b) 5 ▪ 6060 B   c) 5 ▪ 5642 R   d) 2 ▪ 8170 N
   5 ▪ 335 A   2 ▪ 4248 K   2 ▪ 4050 S   5 ▪ 22 022 P
   10 ▪ 8400 O   10 ▪ 5005 U   10 ▪ 8001 O   10 ▪ 33 005 A

5 Schreibe alle Zahlen zwischen 31 und 41 auf, die teilbar sind
a) durch 2, aber nicht durch 5   b) durch 5, aber nicht durch 2
c) durch 2 und durch 5   d) weder durch 2 noch durch 5.

6 a) Finde für jede der folgenden Zahlen die nächstkleinere Zahl, die durch 5 teilbar ist:
423 7077 1024 4018 9079 1000 2225 10 800
b) Gib zu jeder Zahl die nächstgrößere an, die durch 2 teilbar ist.

Teilbarkeit durch 3 und 9

1 Hat das Mädchen Recht? Überprüfe durch eine schriftliche Division.

2 So kannst du feststellen, ob eine Zahl durch 9 teilbar ist:
Beispiele: Ist 387 teilbar durch 9? Ist 4215 teilbar durch 9?

1. Bilde die Quersumme.	$3 + 8 + 7 = \boxed{18}$	$4 + 2 + 1 + 5 = \boxed{12}$
2. Überprüfe, ob die Quersumme ohne Rest durch 9 teilbar ist.	$\boxed{18} : 9 = 2$	$\boxed{12} : 9 = 1 + 3 : 9$
3. Schreibe das Ergebnis auf.	387 **ist** teilbar durch 9	4215 **ist nicht** teilbar durch 9.

Mache die Probe, indem du die Beispielzahlen 387 und 4215 jeweils durch 9 teilst.

3 Prüfe an einigen Zahlen, ob es auch für die Zahl 3 eine Quersummenregel gibt.

> Eine Zahl ist **durch 9 teilbar,** wenn ihre Quersumme durch 9 teilbar ist.
> Eine Zahl ist **durch 3 teilbar,** wenn ihre Quersumme durch 3 teilbar ist.

4 Welche Zahlen sind durch 3 teilbar? Sind diese auch durch 9 teilbar?
a) 123 828 457 5679 2637 6193   b) 8955 16 729 45 297 94 995 87 413

5 Sarah hat fünf Fehler gemacht. Suche sie heraus und schreibe die Aussagen richtig in dein Heft. Die Kennbuchstaben ergeben, richtig zusammengesetzt, ein Lösungswort.
a) 3 | 555 B   b) 9 ∤ 8808 U   c) 3 | 2202 K   d) 9 | 63 981 M
   3 ∤ 596 L   9 | 5436 I   9 ∤ 5409 E   3 | 77 765 S
   3 | 787 N   9 ∤ 1809 A   3 | 1004 R   9 ∤ 72 802 T

Teilbarkeit durch 4 und 25

1 a) Erkan zerlegt die Zahlen 5112, 436 und 7424 und stellt fest, dass sie durch 4 teilbar sind.
Kannst du das begründen?

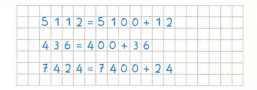

b) Welche der folgenden Zahlen sind durch 4 teilbar?
136, 216, 325, 540, 608, 729, 5811, 1122, 3304, 9908

2 Schreibe die Vielfachen von 25 bis 500 auf. Welche Regelmäßigkeit erkennst du?

> Eine Zahl ist **durch 4 teilbar**, wenn die beiden letzten Ziffern Nullen sind oder eine durch 4 teilbare Zahl bilden.
>
> Eine Zahl ist **durch 25 teilbar**, wenn die beiden letzten Ziffern 25, 50, 75 oder 00 lauten.

3 Setze | oder ∤ ein.

4 ▪ 504 D	25 ▪ 2000 U	4 ▪ 522 T	25 ▪ 3460 O
4 ▪ 886 A	25 ▪ 375 N	25 ▪ 800 H	4 ▪ 5008 A
4 ▪ 3002 R	25 ▪ 1250 H	4 ▪ 3012 S	25 ▪ 5550 E

Wenn du die Buchstaben der „|"Lösungen richtig zusammensetzt, erhältst du die Namen von zwei Säugetieren.

4 a) Welche Zahlen sind durch 4 teilbar?
b) Welche Zahlen sind durch 25 teilbar?

312	446	774	875	900	558	364	835	1300	3725	1950	4936
W	E	O	M	I	T	L	R	N	S	K	A

Bei richtiger Lösung erhältst du die Namen von zwei europäischen Städten.

5 Suche für jede der folgenden Zahlen die nächstkleinere Zahl, die durch 4 teilbar ist.
a) 47, 55, 70, 85, 99, 149, 200
b) 641, 660, 719, 827, 800, 912, 1000

6 Schreibe alle Zahlen von 1 bis 50 in dein Heft. Streiche alle Zahlen durch, die durch 2 oder durch 4, 5, 10 oder 25 teilbar sind. Welche zwanzig Zahlen bleiben übrig?

7 Schreibe fünf Zahlen auf, die man aus 238 durch Vertauschen der Ziffern bilden kann. Zwei dieser Zahlen sind durch 4 teilbar. Nenne sie.

8 Welche der Zahlen sind durch 2, aber nicht durch 4 teilbar?

S	T	A	H	E	O	U	M	N	S	E
36	226	100	142	714	1204	5000	3334	6775	9010	7390

Bei richtiger Lösung erhältst du den Namen eines großen europäischen Flusses.

Vermischte Übungen

1 Welche Zahlen sind durch 3 **und** durch 9 teilbar?
a) 7569   3213   3675   22 713
b) 45 957   920 526   672 678   888 192

2 Ergänze. Es sollen Zahlen entstehen, die durch 3 teilbar sind.
24■5   2■65   22■5   428■   5■38   515■5   18■20

3 Suche die Fehler in der Tabelle. Die Kennbuchstaben ergeben zwei Lösungswörter.

	816	5080	5175	3087	1854	7781	9980	9159	8808
Teilbar durch 3	×	×	×		×	×			
Teilbar durch 9		×		×				×	×
	K	S	T	P	A	O	E	R	T

4 a) Welche Zahl liegt zwischen 100 und 110, die durch 9 teilbar ist?
b) Welche Zahl liegt zwischen 110 und 120, die durch 2 und durch 3 teilbar ist?
c) Welches ist die kleinste vierstellige Zahl, die durch 3 teilbar ist?

5 Ergänze mit einer Ziffer, so dass wahre Aussagen entstehen.
a) 2 | 167■   3 | 4■72
b) 5 | 538■   6 | 835■
c) 5 | 143■   9 | 12■4
d) 3 | 222■   2 | 317■
e) 6 | 1374■   9 | 7■342

6 Für den Klassenausflug zum Vogelpark Walsrode haben alle Schülerinnen und Schüler der Klasse 5 f 9 EUR eingezahlt. Lars und Andreas zählen 242 EUR. Deniz meint, hier stimmt etwas nicht.

7 Ein Händler verkauft auf dem Markt jeden Artikel für 3 EUR. Als er am Schluss seine Einnahmen zählt und feststellt, dass es 466 EUR sind, ist er überrascht. Warum kontrolliert er die Kasse noch einmal?

8 Nenne zwei Zahlen unter 100, die die Quersumme 9 haben und durch 5 teilbar sind.

Ich kenne eine Regel für die Teilbarkeit durch 6.

9 a) Lege eine Tabelle an. Überprüfe folgende Zahlen auf ihre Teilbarkeit durch 2, 3 und 6:
42, 54, 72, 96, 84, 420, 312
b) Stelle eine Teilbarkeitsregel für die Zahl 6 auf.

Zahl	teilbar durch 2	teilbar durch 3	teilbar durch 6
42	×	×	×
54			
72			

c) Welche Zahlen sind durch 6 teilbar?
428   378   291   684   2781   6004   47 340   126 834   5003   62 840

10 Schreibe die Tabellen ab und kreuze an.

a)
teilbar durch	2	5	9
260			
4085			
876			
2590			

b)
teilbar durch	2	3	6	9
4878				
1956				
6543				
43 092				

c)
teilbar durch	2	3	5	6	10
3720					
5175					
26 424					
8100					

Vermischte Übungen

11 Suche die falschen Aussagen heraus und schreibe sie richtig in dein Heft. Die Kennbuchstaben ergeben zwei Lösungswörter.

a) 2 ∤ 235 S
5 | 800 R
3 ∤ 444 T

b) 4 ∤ 396 A
5 ∤ 703 B
9 ∤ 981 G

c) 3 | 1266 U
9 ∤ 3006 E
4 ∤ 7012 I

d) 5 ∤ 7201 N
2 | 9918 R
9 | 6066 S

12 Suche die neun Fehler in der Tabelle. Die Kennbuchstaben ergeben die Namen von zwei deutschen Flüssen.

	836	599	396	886	972	666	778	6336	9189	7182
Zahl teilbar durch 9		×	×	×	×	×				×
Zahl teilbar durch 4	×			×				×	×	×
	E	N	H	A	V	L	B	H	E	L

13 Finde alle Teiler der sieben Zahlen. Die Buchstaben, die sich unter den Teilern befinden, ergeben, zeilenweise gelesen, ein Sprichwort.

Die Zahl hat den/die Teiler	2	3	4	5	6	9	10	25
59 049	A	U	O	I	S	E	N	B
31 271	L	K	A	U	E	O	R	T
46 656	B	U	N	D	G	M	U	N
15 625	S	T	E	A	R	N	O	C
32 768	H	E	T	I	A	S	S	E
406 875	B	D	N	E	R	A	U	N
60 000	M	E	I	S	T	M	E	R

14 Übertrage das Quadrat in dein Heft. Trage alle sechzehn Zahlen so ein, dass benachbarte Zahlen stets Teiler beziehungsweise Vielfache voneinander sind. (Nachbarn liegen unmittelbar neben, unter oder über einer Zahl.)

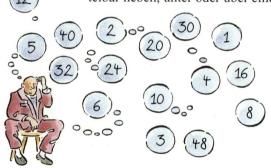

32			10
		40	
	48		
12			3

Links sind die beiden Waagen im Gleichgewicht. Wie viele Kegel benötigst du, um auch die dritte Waage ins Gleichgewicht zubringen?

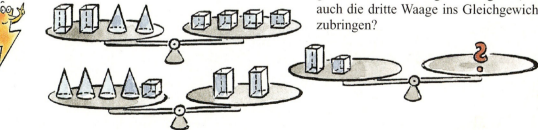

Teilbarkeit von Summen

1 Überprüfe bei den folgenden Aufgaben die Teilbarkeit ohne schriftliche Division.
1. Beispiel: Ist 161 durch 7 teilbar?

2. Beispiel: Ist 508 durch 12 teilbar?

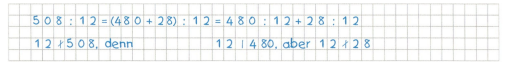

Welche Zahlen sind teilbar
a) durch 7: 843, 371, 919, 4249, 7014?   b) durch 11: 143, 231, 4711, 3355, 6621?

> Sind beide Summanden einer Summe durch dieselbe Zahl teilbar, so ist auch ihre Summe durch diese Zahl teilbar.
> Ist in einer Summe nur einer der beiden Summanden durch dieselbe Zahl teilbar, so ist ihre Summe nicht durch diese Zahl teilbar.

2 Zerlege in eine Summe und überprüfe die Teilbarkeit.

	a)	b)	c)	d)	e)	f)	g)	h)	i)	k)
Zahl	294	389	3636	1555	2288	1060	9225	4886	6710	105 205
teilbar durch?	14	19	36	15	11	20	45	12	22	105

3 Zerlege in eine Summe bzw. in eine Differenz.

	a)	b)	c)	d)	e)	f)	g)	h)
Zahl	528	678	3120	810	662	1696	87 999	105 210
teilbar durch?	12	24	15	45	22	16	11	105

4 Zerlege in eine Summe. Welche Zahlen sind teilbar
a) durch 4: 124, 354, 2146, 5948, 9816?   b) durch 25: 375, 855, 2250, 4325, 6895?
c) Warum braucht man bei der Teilbarkeit durch 4 und 25 nur auf die beiden letzten Stellen zu achten?

5 Zerlege in eine Summe. Welche Zahlen sind teilbar
a) durch 8: 1448, 3716, 7152, 13 832?   b) durch 125: 6750, 9825, 31375, 47 565?
c) Suche eine Teilbarkeitsregel für die Zahlen 8 und 125. Beachte: $8 \cdot 125 = 1000$.

6 Setze | oder ∤ ein.
a) 8 ▪ 2096   b) 125 ▪ 3550   c) 8 ▪ 6500   d) 125 ▪ 9480   e) 8 ▪ 112 488
    8 ▪ 5860   125 ▪ 4375   125 ▪ 6500   8 ▪ 8928   125 ▪ 433 500

Teilbarkeit von Summen und Produkten

7 a) Teile durch 9 und bestimme die Reste:
10, 100, 1000, 10 000, …
20, 200, 2000, 20 000, …
30, 300, 3000, 30 000, …
b) Fahre so fort und schreibe dein Ergebnis in einer Tabelle auf.

Zahlen	Neunerrest
10, 100, 1000, 10 000, …	1
20, 200, …	
30, …	
…	

Mit der Summenregel und den Neunerresten kannst du schnell entscheiden, ob eine Zahl durch 9 teilbar ist:

$$486 = 4 \cdot 100 \quad\quad + 8 \cdot 10 \quad\quad + 6$$
$$486 = 4 \cdot (99 + 1) + 8 \cdot (9 + 1) + 6$$
$$486 = 4 \cdot 99 + 4 \cdot 1 + 8 \cdot 9 + 8 \cdot 1 + 6$$
$$486 = 4 \cdot 99 + 4 \quad\quad + 8 \cdot 9 + 8 \quad\quad + 6$$
$$486 = \underbrace{4 \cdot 99 \quad\quad\quad + 8 \cdot 9}_{\text{durch 9 teilbar}} \quad\quad \underbrace{+ 4 + 8 + 6}_{\substack{\text{Summe der Neuner-}\\\text{reste durch 9 teilbar}}}$$

c) Erkläre an dem Beispiel die Quersummenregel für die Teilbarkeit durch 9. Begründe ebenfalls, warum sich an dem Beispiel auch die Quersummenregel für die Teilbarkeit durch 3 ableiten lässt.

8 So kannst du feststellen, ob ein Produkt durch eine bestimmte Zahl teilbar ist:

Ist $18 \cdot 35$ durch 3 teilbar?
$3 \mid 18$, denn 18 ist ein Vielfaches von 3. $\quad\quad 18 = 6 \cdot 3$
$3 \nmid 35$, denn 35 ist nicht Vielfaches von 3.
$3 \mid 18 \cdot 35$, denn $18 \cdot 35$ ist ein Vielfaches von 3. $\quad 18 \cdot 35 = 6 \cdot 3 \cdot 35$

Ist $15 \cdot 77$ durch 6 teilbar?
$6 \nmid 15$, denn 15 ist nicht Vielfaches von 6.
$6 \nmid 77$, denn 77 ist nicht Vielfaches von 6.
$6 \nmid 15 \cdot 77$, denn $15 \cdot 77$ ist nicht Vielfaches von 6.

Überprüfe, ob die folgenden Produkte durch 3 (5, 6) teilbar sind.

a) $18 \cdot 35$	b) $27 \cdot 593$	c) $217 \cdot 24$	d) $352 \cdot 125$	e) $795 \cdot 111$
$15 \cdot 77$	$91 \cdot 821$	$515 \cdot 62$	$996 \cdot 136$	$807 \cdot 265$
$41 \cdot 56$	$72 \cdot 480$	$313 \cdot 46$	$118 \cdot 821$	$330 \cdot 336$

> Ist in einem Produkt ein Faktor durch eine Zahl teilbar, so ist auch das Produkt durch diese Zahl teilbar.

9 Sind die Aussagen wahr oder falsch?
a) Wenn eine Zahl durch 100 teilbar ist, dann kann man sie auch durch 2, 10, 20 und 25 teilen.
b) Alle Vielfachen von 8 sind durch 2, 4 und 8 teilbar.
c) Jedes Vielfache von 8 ist durch 16 teilbar.
d) Alle Zahlen, die durch 20 teilbar sind, sind auch durch 40 teilbar.
e) Alle Vielfachen von 9 kann man auch durch 6 teilen.
f) Alle Zahlen, die durch 20 teilbar sind, sind auch durch 10 teilbar.

Primzahlen

1 Man erzählt sich die schöne, aber fast unglaubliche Geschichte von einem Herrscher, der ein Gefängnis mit 100 Zellen und 100 Wärtern hatte. Täglich entließ der Herrscher einen Teil der Gefangenen nach folgender Methode:
Die Wärter gingen von Tür zu Tür und machten Kreuze. Der erste machte an jeder Tür ein Kreuz, der zweite an jeder zweiten, beginnend bei der zweiten Tür, der dritte an jeder dritten Tür usw. Anschließend ließ er alle Gefangenen frei, an deren Tür genau zwei Kreuze waren. Alle anderen durften sich neue Zellen aussuchen. Welche Zellennummern würdest du den Gefangenen empfehlen?

2 Bestimme jeweils alle Teiler der Zahlen 7, 13, 17, 23, 31. Was fällt dir auf?

3 Welche der folgenden Zahlen haben nur zwei Teiler: 5, 9, 12, 15 und 19?

Primzahl

> Natürliche Zahlen, die genau zwei Teiler haben, nennt man **Primzahlen**. Sie sind nur durch 1 und sich selbst teilbar. **1 ist keine Primzahl.**

4 Der griechische Mathematiker Eratosthenes fand vor über 2200 Jahren ein mathematisches Verfahren zur Bestimmung von Primzahlen; es wird **Sieb des Eratosthenes** genannt. Das Beispiel zeigt dir, wie du mit diesem Verfahren die Primzahlen von 1 bis 50 bestimmen kannst.
Schreibe alle Zahlen von 1 bis 50 auf.
1 ist keine Primzahl und wird deshalb gestrichen.
Kreise die erste Primzahl 2 ein. Streiche nun alle Vielfachen von 2 durch.
Kreise die nächste Primzahl 3 ein. Streiche nun alle Vielfachen von 3 durch.
Führe dasselbe Verfahren durch mit 5 und 7.
Welche fünfzehn Primzahlen erhältst du?

1	②	③	4̶	5	6̶
7	8̶	9̶	1̶0̶	11	1̶2̶
13	1̶4̶	1̶5̶	1̶6̶	17	1̶8̶
19	2̶0̶	2̶1̶	2̶2̶	23	2̶4̶
25	2̶6̶	2̶7̶	2̶8̶	29	…

5 Bestimme alle Primzahlen von 50 bis 100 mit dem Sieb des Eratosthenes.

6 Suche die Primzahlen heraus. Bei jeder Aufgabe erhältst du ein Lösungswort.

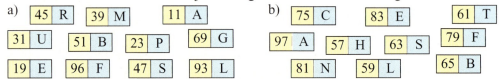

Primzahlen

7 Zeige mit Hilfe der Teilbarkeitsregeln, dass folgende Zahlen keine Primzahlen sind:
a) 123 267 2675 3339 1115
b) 368 549 7092 8091 5055

8 a) Resa hat jeweils acht quadratische Plättchen zu einem Rechteck zusammengelegt. Findest du eine weitere Möglichkeit? Begründe deine Antwort.
b) Wie viele verschiedene Rechtecke lassen sich aus 5 oder 11 Plättchen bilden?

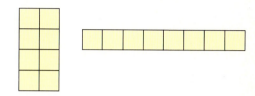

9 Suche die einzige Primzahl heraus: 27   831   99   127   729   2871   91

10 Welche Aussagen sind wahr? Begründe deine Antwort mit Hilfe von Zahlenbeispielen.
a) Es gibt Primzahlen, die unmittelbar aufeinander folgen.
b) Es gibt Primzahlen, zwischen denen nur eine natürliche Zahl steht.
c) Es gibt keine Primzahl, die als letzte Ziffer eine 9 hat.
d) Es gibt eine gerade Primzahl.
e) Nach jedem Vielfachen von 6 folgt immer eine Primzahl.
f) Zwischen 1 und 40 gibt es vier Vielfache von 6, die zwischen zwei Primzahlen stehen.

11 Wie lang können die Seiten a, b und c des Dreiecks sein, wenn der Zahlenwert des Umfangs eine Primzahl sein soll? Gib zwei verschiedene Lösungen an.

12 Die Seiten des Vierecks a, b, c und d sind verschieden lang. Der Zahlenwert des Umfangs soll eine Primzahl sein. Suche eine Lösung.

13 Bei einem Rechteck sind die Zahlenwerte von Länge und Breite natürliche Zahlen. Kann der Flächeninhalt eine Primzahl sein?

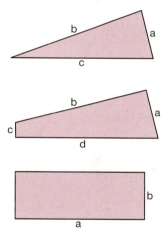

Große Primzahlen

Der französische Ingenieur Armengaud hat 1997 die bisher größte Primzahl entdeckt. Die Zahl, die nur durch eins und durch sich selbst geteilt werden kann, hat mehr als 420 000 Stellen und füllt über 58 Seiten Papier. Auf Rechenkaros hintereinander geschrieben hätte die größte Primzahl eine Länge von über zwei Kilometern (2210 m).
Eine praktische Verwendung für dieses mathematische Wunder gibt es allerdings nicht.

Primzahlen, die die Computer berechnet haben:

Jahr	Anzahl der Stellen
1951*	39
1970	3376
1971	6002
1983	39751
1992	227832
1997	über 420 000

* Die Primzahl lautet ausgeschrieben:
170 141 183 460 469 231 731 687 303 515 884 105 727

Primfaktorzerlegung

Alle Faktoren des Produktes sind Primzahlen.

1 a) So kannst du Zahlen in Primfaktoren zerlegen:

240 = 4 · 60	240 = 8 · 30	240 = 10 · 24
= 2 · 2 · 6 · 10	= 2 · 4 · 5 · 6	= 2 · 5 · 4 · 6
= 2 · 2 · 2 · 3 · 2 · 5	= 2 · 2 · 2 · 5 · 2 · 3	= 2 · 5 · 2 · 2 · 2 · 3
= 2 · 2 · 2 · 2 · 3 · 5	= 2 · 2 · 2 · 2 · 3 · 5	= 2 · 2 · 2 · 2 · 3 · 5

b) Zerlege die Zahl 240 auf andere Weise in Primfaktoren. Beginne mit 240 = 2 · 120. Du musst als Ergebnis auch 240 = 2 · 2 · 2 · 2 · 3 · 5 erhalten.
c) Findest du noch weitere Möglichkeiten?

2 Welche der Zahlen sind bereits in Primfaktoren zerlegt? Führe bei den anderen Zahlen die Zerlegung zu Ende.
  a) 36 = 2 · 2 · 9   b) 44 = 2 · 2 · 11   c) 75 = 3 · 25   d) 60 = 3 · 4 · 5
  30 = 2 · 3 · 5   56 = 7 · 8   48 = 2 · 2 · 2 · 2 · 3   76 = 2 · 2 · 19

3 Zerlege in Primfaktoren.
  a) 32, 24, 80, 120, 136, 176   b) 188, 192, 208, 224, 320, 400

4 Welche Zahl ist hier in Primfaktoren zerlegt worden?
  a) ■ = 2 · 2 · 3   b) ■ = 3 · 7 · 11   c) ■ = 3 · 5 · 17   d) ■ = 2 · 5 · 19
     ■ = 2 · 3 · 5 · 7   ■ = 2 · 3 · 7 · 13   ■ = 2 · 3 · 7 · 11   ■ = 23 · 29

5 a) ■ = 3 · 13 · 17   b) ■ = 2 · 2 · 11 · 13   c) ■ = 5 · 7 · 11 · 19   d) ■ = 2 · 11 · 17 · 41
     ■ = 3 · 5 · 7 · 11   ■ = 7 · 17 · 37   ■ = 3 · 3 · 5 · 23 · 29   ■ = 11 · 31 · 47

L (ungeordnet): 1155, 7315, 30 015, 663, 4403, 16 027, 572, 15 334

6 Zerlege in Primfaktoren. Wende die Teilbarkeitsregeln an.
  a) 21 55 26   b) 40 42 36   c) 99 90 81   d) 68 96 110
     18 28 32   66 84 50   75 100 135   80 126 150

7 Zerlege in Primfaktoren.
  a) 144 240   b) 160 234   c) 424 525   d) 171 320   e) 950 168
     256 444   425 372   625 552   1110 1700   564 4100

8 Manche Zahlen bestehen nur aus gleichen Primfaktoren (*Beispiel:* 16 = 2 · 2 · 2 · 2). Wie heißen die Zahlen von 1 bis 100, deren Primfaktorzerlegung nur aus
  a) Zweien,   b) Dreien,   c) Dreien und Fünfen bestehen?

9 Schreibe alle Zahlen bis 120 auf, deren Primfaktoren nur aus den beiden Zahlen
  a) 2 und 7   b) 3 und 7   c) 2 und 11   bestehen.

10 Mit welcher Zahl muss man das Produkt 2 · 3 · 5 · 7 multiplizieren, um das Produkt 2 · 2 · 2 · 3 · 5 · 5 · 7 zu erhalten?

11 Die Zahl 1155 hat die Primfaktorzerlegung 1155 = 3 · 5 · 7 · 11. Bestimme ohne schriftliche Division die Ergebnisse folgender Divisionsaufgaben:
  1155 : 11   1155 : 15   1155 : 77   1155 : 35   1155 : 105

Bestimmen von ggT und kgV durch Primfaktorzerlegung

1 Den ggT kannst du auch mit Hilfe von Primfaktoren bestimmen:

1. ggT (30, 36, 54) = ■	2. ggT (18, 54, 90) = ■	3. ggT (12, 25, 75) = ■
30 = $\underline{2} \cdot \underline{3} \cdot 5$	18 = $\underline{2} \cdot \underline{3} \cdot 3$	12 = $2 \cdot 2 \cdot 3$
36 = $\underline{2} \cdot 2 \cdot \underline{3} \cdot 3$	54 = $\underline{2} \cdot \underline{3} \cdot 3 \cdot 3$	25 = $5 \cdot 5$
54 = $\underline{2} \cdot \underline{3} \cdot 3 \cdot 3$	90 = $\underline{2} \cdot \underline{3} \cdot 3 \cdot 5$	75 = $3 \cdot 5 \cdot 5$
ggT (36, 54, 30) = $2 \cdot 3 = \underline{\underline{6}}$	ggT (18, 54, 90) = $2 \cdot 3 \cdot 3 = \underline{\underline{18}}$	ggT (12, 25, 75) = $\underline{\underline{1}}$

2 Bestimme durch Zerlegen in Primfaktoren den ggT.
   a) 12 und 60   b) 36 und 48   c) 60 und 100   d) 125 und 175   e) 180 und 420
      18 und 21   56 und 96   51 und 102   135 und 375   90 und 225

L 3, 8, 12, 12, 15, 20, 25, 45, 51, 60

3 Bestimme mit Hilfe der Primfaktorzerlegung den ggT von:
   a) 64 und 88   b) 84 und 63   c) 45 und 105   d) 80, 120 und 200   e) 63, 45 und 144
      96 und 144   55 und 132   72 und 126   16, 80 und 128   96, 150 und 204

L 6, 21, 8, 9, 11, 15, 16, 40, 48, 18

4 So kannst du das kgV mit Hilfe von Primfaktoren bestimmen:

1. kgV (30, 36, 54) = ■	2. kgV (20, 30, 50) = ■
30 = $2 \cdot 3 \cdot \underline{5}$	20 = $\underline{2} \cdot \underline{2} \cdot 5$
36 = $\underline{2} \cdot \underline{2} \cdot 3 \cdot 3$	30 = $2 \cdot \underline{3} \cdot 5$
54 = $2 \cdot \underline{3} \cdot \underline{3} \cdot \underline{3}$	50 = $2 \cdot \underline{5} \cdot \underline{5}$
kgV (36, 54, 30) = $2 \cdot 2 \cdot 3 \cdot 3 \cdot 3 \cdot 5 = \underline{\underline{540}}$	kgV (20, 20, 50) = $2 \cdot 2 \cdot 3 \cdot 5 \cdot 5 = \underline{\underline{300}}$

5 Bestimme mit Hilfe der Primfaktoren das kgV von
   a) 24 und 30   b) 27 und 36   c) 12 und 45   d) 15, 25 und 45   e) 27, 54 und 126
      35 und 50   72 und 48   12 und 60   48, 60 und 72   24, 68 und 102

L 120, 108, 180, 225, 720, 350, 144, 60, 378, 408

6 Berechne den ggT und das kgV von
   a) 45 und 75   b) 96 und 168   c) 216 und 243   d) 44, 66 und 88   e) 125, 200 und 250
      140 und 56   84 und 126   132 und 165   54, 72 und 90   350, 500 und 700

L 15, 18, 22, 24, 25, 27, 28, 33, 42, 50, 225, 252, 264, 280, 660, 672, 1944, 1000, 1080, 3500

7 Berechne den ggT
   a) 72 und 108 b) 264 und 308 c) 702 und 1134 d) 1650 und 4900 e) 2205 und 6300
      105 und 490   216 und 864   540 und 2025   245 und 1225   5250 und 7350

L 35, 36, 44, 50, 54, 135, 216, 245, 315, 1050

8 Berechne das kgV
   a) 105 und 130   b) 110 und 132   c) 48, 96 und 168   d) 28, 44, 56 und 64
      324 und 540   120 und 144   51, 68 und 85   120, 210, 250 und 600

L 660, 672, 720, 1020, 1620, 2730, 4928, 21 000

177

1 Zerlege die folgenden Zahlen zunächst in Primfaktoren. Fasse anschließend gleiche Faktoren mit Hilfe von **Potenzen** zusammen.

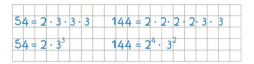

a) 81   b) 128   c) 250   d) 400
e) 108   f) 2100   g) 1024   h) 1728

2 Welche Zahl hat die folgende Primfaktorzerlegung?

a) ■ $= 2^3 \cdot 3^2$ b) ■ $= 2^4 \cdot 3^2 \cdot 5$ c) ■ $= 2^4 \cdot 3^3$ d) ■ $= 3^2 \cdot 11^2$

3 In den folgenden Beispielen siehst du, wie jeweils der ggT und das kgV ermittelt wird.

a) ggT (360, 2700) = ■

$360 = 2^3 \cdot \underline{3^2} \cdot \underline{5}$
$2700 = \underline{2^2} \cdot 3^3 \cdot 5^2$
ggT (360, 2700) $= 2^2 \cdot 3^2 \cdot 5 = \underline{\underline{180}}$

b) ggT (1800, 1890) = ■

$1800 = 2^3 \cdot \underline{3^2} \cdot 5^2$
$1890 = \underline{2} \cdot 3^3 \cdot \underline{5} \cdot 7$
ggT (1800, 1890) $= 2 \cdot 3^2 \cdot 5 = \underline{\underline{90}}$

Den größten gemeinsamen Teiler (ggT) erhältst du als Produkt der **niedrigsten** Potenzen der **gemeinsamen** Primfaktoren.

c) kgV (900, 1080) = ■

$900 = 2^2 \cdot 3^2 \cdot \underline{5^2}$
$1080 = \underline{2^3} \cdot \underline{3^3} \cdot 5$
kgV (900, 1080) $= \underline{2^3} \cdot \underline{3^3} \cdot 5^2 = \underline{\underline{5400}}$

d) kgV (144, 300) = ■

$144 = \underline{2^4} \cdot \underline{3^2}$
$300 = 2^2 \cdot 3 \cdot \underline{5^2}$
kgV (144, 300) $= 2^4 \cdot 3^2 \cdot \underline{5^2} = \underline{\underline{3600}}$

Das kleinste gemeinsame Vielfache (kgV) erhältst du als Produkt der **höchsten** Potenzen **aller** auftretenden Primfaktoren.

4 Bestimme den ggT der beiden Zahlen.

a) 56 und 196   b) 168 und 560   c) 192 und 432   d) 225 und 1350   e) 360 und 1080
    96 und 216   200 und 500   392 und 560   784 und 1568   972 und 1458

L 24, 28, 48, 56, 56, 100, 225, 784, 360, 486

5 Bestimme das kgV der beiden Zahlen.

a) 80 und 100   b) 192 und 144   c) 120 und 450   d) 400 und 720   e) 180 und 1260
    72 und 324   84 und 126   189 und 441   315 und 945   1260 und 1800

L 400, 648, 576, 252, 1800, 1323, 3600, 945, 1260, 12 600

9 Brüche

1

Der Schulhof soll umgestaltet werden. Die Schülerinnen und Schüler möchten eine Hälfte des Schulhofes als Spielplatz, ein Viertel als Ruhezone und den Rest zu gleichen Teilen als Teichanlage und als Fahrradstand einrichten.
a) Wie könnte die Aufteilung aussehen? Fertige eine Zeichnung an.
b) Welche Aufteilung könntest du dir vorstellen?

2

a) Falte ein DIN-A 4-Blatt, so dass zwei gleich große Teile entstehen. Falte noch einmal, so dass du wieder zwei gleich große Teile erhältst.
Wie viele Teilflächen sind entstanden? Wie könntest du sie bezeichnen?
b) Wiederhole diesen Vorgang möglichst oft.

3

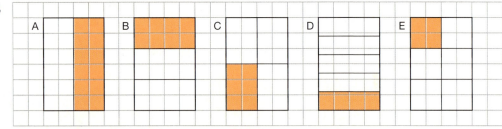

Vervollständige die folgenden Sätze:
a) Das Rechteck A ist in ■ gleich große Teile geteilt, ein halbes ($\frac{1}{2}$) Rechteck ist orange.
b) Das Rechteck B ist in ■ gleich große Teile geteilt, ein drittel ( ) Rechteck ist orange.
c) Das Rechteck C ist in ■ gleich große Teile geteilt, ein ▬ ( ) Rechteck ist orange.
d) Das Rechteck D ist in ■ gleich große Teile geteilt, ein ▬ ( ) Rechteck ist orange.
e) Das Rechteck E ist in ...

Bruchteile | Ein Halb ($\frac{1}{2}$), ein Drittel ($\frac{1}{3}$), ein Viertel ($\frac{1}{4}$), ein Fünftel ($\frac{1}{5}$), ... sind Bezeichnungen für Bruchteile.

Bruchteile

4 Die abgebildeten Figuren sind in gleich große Teile geteilt. Gib an, welcher Bruchteil des Ganzen hier abgeteilt wurde.

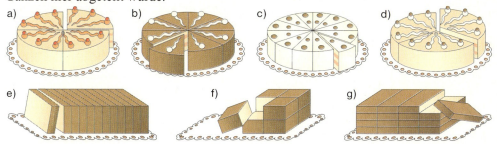

5 In wie viele gleich große Teile sind die Figuren eingeteilt? Welcher Bruchteil ist sandfarben (weiß) gefärbt?

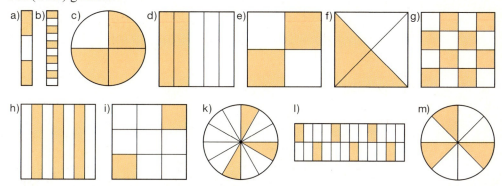

6 Welcher Bruchteil ist nicht gefärbt?

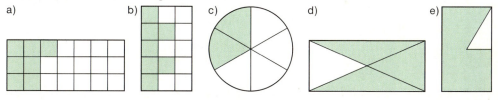

7 Welcher Bruchteil der Flächen ist grün (gelb, orange, rot)?

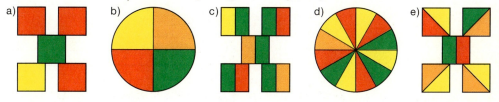

8 Zeichne zu jeder Aufgabe ein Rechteck (4 cm lang, 3 cm breit) und färbe den angegebenen Bruchteil.

a) $\frac{1}{2}$ b) $\frac{1}{4}$ c) $\frac{1}{8}$ d) $\frac{1}{3}$ e) $\frac{1}{6}$ f) $\frac{1}{12}$ g) $\frac{1}{24}$ h) $\frac{1}{16}$

9 Zeichne zu jeder Aufgabe ein Rechteck (4 cm lang, 3 cm breit) und färbe den angegebenen Bruchteil.

a) $\frac{3}{4}$ b) $\frac{5}{8}$ c) $\frac{2}{3}$ d) $\frac{5}{6}$ e) $\frac{7}{12}$ f) $\frac{11}{24}$ g) $\frac{3}{8}$ h) $\frac{9}{16}$

182 Bruchteile

Bruch
Nenner

Zähler

Der **Nenner** eines **Bruches** gibt an, in wie viele gleich große Teile das Ganze eingeteilt wurde.
Der **Zähler** gibt an, wie viele Teile genommen werden.

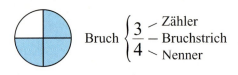

10 Übertrage das Muster ins Heft und färbe ein Viertel der Fläche rot und die Hälfte gelb.

a) 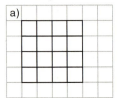 b) 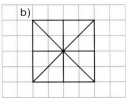 c)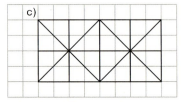

11 Übertrage die Muster. Färbe in A zwei Drittel, in B drei Fünftel und in C drei Viertel.

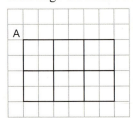 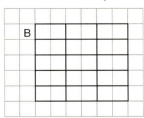 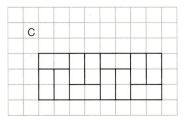

12 Du siehst jeweils einen Bruchteil eines Ganzen. Übertrage die Figur in dein Heft und ergänze zum Ganzen.

a) 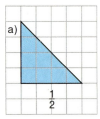 b) 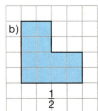 c) 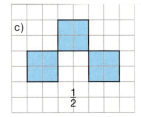 d)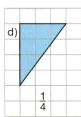

e) 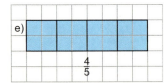 f) 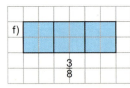 g) 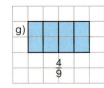 h)

13 Gib für jedes Teilstück den Bruchteil an.

a) 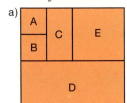 b) 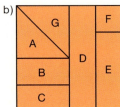 c)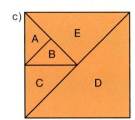

Erweitern und Kürzen

1 Vergleiche in den Figuren die gefärbten Bruchteile. Was stellst du fest?

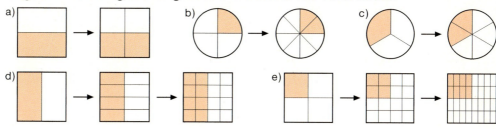

gleiche Bruchteile

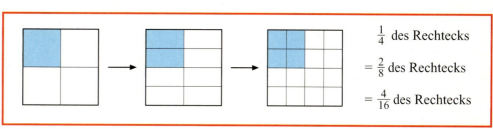

$\frac{1}{4}$ des Rechtecks

$= \frac{2}{8}$ des Rechtecks

$= \frac{4}{16}$ des Rechtecks

2 Zeichne die Figuren in dein Heft und unterteile sie so, dass in Figur A Viertel, in B Sechstel, in C Achtzehntel und in D Sechzehntel entstehen. Ergänze die Platzhalter.

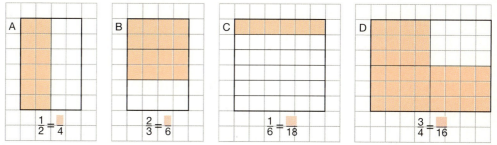

$\frac{1}{2} = \frac{\square}{4}$ $\frac{2}{3} = \frac{\square}{6}$ $\frac{1}{6} = \frac{\square}{18}$ $\frac{3}{4} = \frac{\square}{16}$

3 Übertrage die Figuren. Zeichne die Linien nach, die du für die folgende Einteilung brauchst: Es sollen in Figur A Viertel, in B Drittel, in C Halbe und in D Achtel entstehen. Ersetze die Platzhalter.

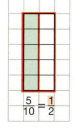

$\frac{5}{10} = \frac{1}{2}$

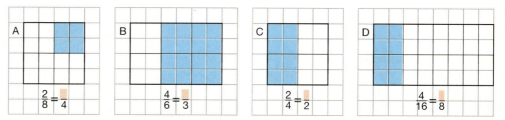

$\frac{2}{8} = \frac{\square}{4}$ $\frac{4}{6} = \frac{\square}{3}$ $\frac{2}{4} = \frac{\square}{2}$ $\frac{4}{16} = \frac{\square}{8}$

4 Welcher Bruchteil ist gefärbt, welcher ungefärbt? Mehrere Antworten sind richtig.

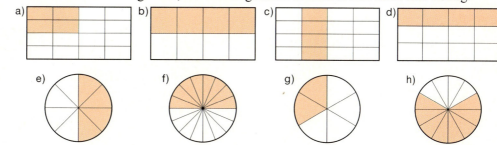

Erweitern und Kürzen

Erweitern

$\frac{2}{3}$ wird erweitert mit **2**

$\frac{2 \cdot 2}{3 \cdot 2} = \frac{4}{6}$

Zähler **und** Nenner werden mit **derselben** Zahl multipliziert.

Kürzen

$\frac{4}{6}$ wird gekürzt durch **2**

$\frac{4:2}{6:2} = \frac{2}{3}$

Zähler **und** Nenner werden durch **dieselbe** Zahl dividiert.

Der Wert des Bruches ändert sich nicht.

5 Erweitere. $\frac{2 \cdot 5}{7 \cdot 5} = \frac{10}{35}$

$\frac{2}{5}$	$\frac{1}{4}$	$\frac{3}{7}$	$\frac{4}{9}$	$\frac{4}{10}$	$\frac{5}{11}$	$\frac{6}{13}$	$\frac{7}{15}$	$\frac{8}{17}$	mit	a) 5	b) 7	c) 9	d) 11

6 Mit welcher Zahl wurde erweitert?

a) $\frac{1}{7} = \frac{5}{35}$ b) $\frac{1}{8} = \frac{6}{48}$ c) $\frac{2}{5} = \frac{14}{35}$ d) $\frac{3}{8} = \frac{18}{48}$ e) $\frac{2}{11} = \frac{14}{77}$ f) $\frac{4}{7} = \frac{32}{56}$ g) $\frac{4}{9} = \frac{48}{108}$

7 Suche die Erweiterungszahl und berechne den Platzhalter.

a) $\frac{5}{6} = \frac{\blacksquare}{30}$ b) $\frac{11}{16} = \frac{55}{\blacksquare}$ c) $\frac{35}{80} = \frac{70}{\blacksquare}$ d) $\frac{6}{7} = \frac{\blacksquare}{21}$ e) $\frac{3}{4} = \frac{27}{\blacksquare}$ f) $\frac{5}{13} = \frac{\blacksquare}{65}$

g) $\frac{20}{47} = \frac{80}{\blacksquare}$ h) $\frac{21}{30} = \frac{\blacksquare}{150}$ i) $\frac{16}{20} = \frac{48}{\blacksquare}$ k) $\frac{4}{15} = \frac{16}{\blacksquare}$ l) $\frac{12}{18} = \frac{\blacksquare}{108}$ m) $\frac{7}{17} = \frac{42}{\blacksquare}$

8 Erweitere schrittweise.

a) $\frac{2}{3} = \frac{\blacksquare}{6} = \frac{\blacksquare}{12} = \frac{\blacksquare}{24} = \frac{\blacksquare}{48}$ b) $\frac{4}{5} = \frac{\blacksquare}{15} = \frac{\blacksquare}{75} = \frac{\blacksquare}{150} = \frac{\blacksquare}{600}$ c) $\frac{1}{4} = \frac{\blacksquare}{12} = \frac{\blacksquare}{36} = \frac{\blacksquare}{72} = \frac{\blacksquare}{360}$

d) $\frac{5}{6} = \frac{\blacksquare}{18} = \frac{\blacksquare}{36} = \frac{\blacksquare}{108} = \frac{\blacksquare}{432}$ e) $\frac{3}{7} = \frac{\blacksquare}{21} = \frac{\blacksquare}{42} = \frac{\blacksquare}{168} = \frac{\blacksquare}{840}$ f) $\frac{8}{9} = \frac{\blacksquare}{18} = \frac{\blacksquare}{54} = \frac{\blacksquare}{108} = \frac{\blacksquare}{324}$

9 Kürze. $\frac{10:2}{36:2} = \frac{5}{18}$

$\frac{6}{12}$	$\frac{6}{18}$	$\frac{12}{30}$	$\frac{18}{24}$	$\frac{30}{42}$	$\frac{36}{48}$	$\frac{48}{54}$	$\frac{42}{72}$	$\frac{60}{96}$	$\frac{54}{120}$	durch	a) 2	b) 3	c) 6

10 Durch welche Zahl wurde gekürzt?

a) $\frac{54}{81} = \frac{6}{9}$ b) $\frac{20}{140} = \frac{2}{14}$ c) $\frac{60}{72} = \frac{5}{6}$ d) $\frac{64}{80} = \frac{8}{10}$ e) $\frac{49}{84} = \frac{7}{12}$ f) $\frac{30}{57} = \frac{10}{19}$ g) $\frac{75}{195} = \frac{5}{13}$

11 Suche die Kürzungszahl und berechne den Platzhalter.

a) $\frac{15}{35} = \frac{\blacksquare}{7}$ b) $\frac{16}{20} = \frac{8}{\blacksquare}$ c) $\frac{21}{36} = \frac{7}{\blacksquare}$ d) $\frac{32}{48} = \frac{\blacksquare}{24}$ e) $\frac{26}{39} = \frac{\blacksquare}{3}$ f) $\frac{64}{96} = \frac{16}{\blacksquare}$

g) $\frac{44}{55} = \frac{\blacksquare}{5}$ h) $\frac{34}{51} = \frac{2}{\blacksquare}$ i) $\frac{14}{49} = \frac{\blacksquare}{7}$ k) $\frac{45}{60} = \frac{3}{\blacksquare}$ l) $\frac{36}{48} = \frac{\blacksquare}{4}$ m) $\frac{38}{114} = \frac{19}{\blacksquare}$

Erweitern und Kürzen

12 Bestimme die Kürzungszahlen.

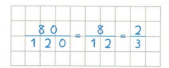 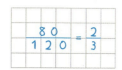 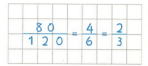

13 Kürze so weit wie möglich:

a) $\frac{12}{18}$, $\frac{6}{9}$, $\frac{12}{16}$, $\frac{20}{25}$, $\frac{18}{30}$, $\frac{6}{16}$ b) $\frac{30}{50}$, $\frac{24}{36}$, $\frac{24}{28}$, $\frac{16}{18}$, $\frac{40}{45}$, $\frac{21}{28}$ c) $\frac{36}{40}$, $\frac{35}{40}$, $\frac{50}{60}$, $\frac{20}{48}$, $\frac{24}{54}$, $\frac{63}{72}$

d) $\frac{28}{35}$, $\frac{12}{27}$, $\frac{14}{49}$, $\frac{15}{55}$, $\frac{30}{36}$, $\frac{16}{20}$ e) $\frac{45}{54}$, $\frac{12}{90}$, $\frac{56}{84}$, $\frac{90}{165}$, $\frac{100}{275}$, $\frac{150}{360}$ f) $\frac{60}{156}$, $\frac{60}{72}$, $\frac{30}{250}$, $\frac{84}{108}$, $\frac{75}{250}$, $\frac{120}{270}$

14 Erweitere auf den angegebenen Nenner.

a) $\frac{1}{2}$, $\frac{2}{3}$, $\frac{5}{8}$, $\frac{7}{12}$, $\frac{3}{4}$ auf $\frac{\Box}{72}$ b) $\frac{2}{5}$, $\frac{5}{6}$, $\frac{9}{10}$, $\frac{7}{12}$, $\frac{3}{20}$, $\frac{9}{30}$ auf $\frac{\Box}{60}$

c) $\frac{5}{7}$, $\frac{3}{4}$, $\frac{7}{8}$, $\frac{11}{14}$, $\frac{27}{28}$ auf $\frac{\Box}{56}$ d) $\frac{3}{4}$, $\frac{5}{6}$, $\frac{7}{8}$, $\frac{5}{16}$, $\frac{9}{32}$, $\frac{5}{24}$ auf $\frac{\Box}{96}$

15 Bestimme den Platzhalter.

a) $\frac{24}{\Box} = \frac{72}{96}$ b) $\frac{\Box}{16} = \frac{90}{96}$ c) $\frac{13}{17} = \frac{65}{\Box}$ d) $\frac{60}{84} = \frac{\Box}{7}$ e) $\frac{96}{\Box} = \frac{8}{9}$ f) $\frac{52}{88} = \frac{13}{\Box}$

$\frac{5}{12} = \frac{\Box}{60}$ $\frac{4}{9} = \frac{\Box}{90}$ $\frac{2}{\Box} = \frac{16}{64}$ $\frac{56}{60} = \frac{14}{\Box}$ $\frac{\Box}{108} = \frac{11}{12}$ $\frac{75}{\Box} = \frac{5}{6}$

16 Kürze so weit wie möglich.

a) $\frac{180}{360}$ b) $\frac{440}{880}$ c) $\frac{150}{450}$ d) $\frac{360}{540}$ e) $\frac{100}{350}$ f) $\frac{168}{216}$ g) $\frac{176}{208}$ h) $\frac{324}{405}$

$\frac{90}{225}$ $\frac{36}{108}$ $\frac{35}{180}$ $\frac{72}{120}$ $\frac{130}{260}$ $\frac{125}{1000}$ $\frac{375}{1000}$ $\frac{56}{800}$

17 Gib drei verschiedene Brüche mit dem Nenner 36 an,
a) die sich nicht mehr kürzen lassen,
b) die sich nur durch 3 kürzen lassen.

18 Welche Brüche wurden richtig erweitert oder gekürzt? Die Buchstaben ergeben hintereinander gelesen ein Lösungswort.

$\frac{3}{8} = \frac{18}{49}$ R	$\frac{3}{7} = \frac{15}{28}$ F	$\frac{2}{11} = \frac{14}{77}$ S	$\frac{2}{3} = \frac{18}{27}$ P	$\frac{16}{20} = \frac{4}{6}$ Ö	$\frac{20}{47} = \frac{60}{141}$ I
$\frac{32}{48} = \frac{4}{7}$ T	$\frac{30}{57} = \frac{10}{19}$ E	$\frac{6}{11} = \frac{72}{122}$ L	$\frac{20}{140} = \frac{2}{14}$ L	$\frac{54}{81} = \frac{6}{9}$ E	$\frac{51}{60} = \frac{15}{20}$ S

Wie viele Dreiecke erkennst du?

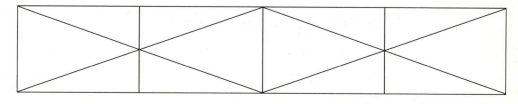

Vergleichen von Brüchen

1

Katja, Nina und Daniel spielen in einer Freistunde Karten.
a) Wer bekommt die Karten, die gerade auf dem Tisch liegen?
b) In der nächsten Runde liegen die folgenden Karten auf dem Tisch:

   $\frac{3}{5}$

Welche Karte gewinnt?

Brüche mit dem gleichen Nenner heißen **gleichnamige Brüche**.
Gleichnamige Brüche werden verglichen, indem man **die Zähler** miteinander **vergleicht**.

$\frac{5}{11} < \frac{7}{11}$, denn 5 < 7 $\frac{20}{21} > \frac{12}{21}$, denn 20 > 12

Brüche mit verschiedenen Nennern nennt man **ungleichnamige Brüche**.
Ungleichnamige Brüche werden gleichnamig gemacht, indem man sie erweitert oder kürzt.
Der kleinste gemeinsame Nenner ist der **Hauptnenner**.

Hauptnenner

$\frac{2}{3}\ \square\ \frac{5}{6}$ $\frac{2}{3}\ \square\ \frac{1}{2}$ $\frac{2}{5}\ \square\ \frac{6}{15}$

$\frac{4}{6} < \frac{5}{6}$ $\frac{4}{6} > \frac{3}{6}$ $\frac{2}{5} = \frac{2}{5}$

$\frac{2}{3} < \frac{5}{6}$ $\frac{2}{3} > \frac{1}{2}$ $\frac{2}{5} = \frac{6}{15}$

---

2 Vergleiche die Brüche.

a) $\frac{5}{7}\ \square\ \frac{4}{7}$ b) $\frac{1}{3}\ \square\ \frac{3}{6}$ c) $\frac{5}{6}\ \square\ \frac{2}{3}$ d) $\frac{3}{10}\ \square\ \frac{2}{5}$ e) $\frac{2}{3}\ \square\ \frac{1}{4}$ f) $\frac{2}{5}\ \square\ \frac{3}{7}$ g) $\frac{1}{6}\ \square\ \frac{7}{42}$

$\frac{13}{15}\ \square\ \frac{14}{15}$ $\frac{2}{5}\ \square\ \frac{4}{10}$ $\frac{3}{4}\ \square\ \frac{5}{8}$ $\frac{5}{6}\ \square\ \frac{11}{12}$ $\frac{1}{2}\ \square\ \frac{3}{5}$ $\frac{4}{9}\ \square\ \frac{5}{8}$ $\frac{16}{36}\ \square\ \frac{3}{9}$

3 Kleiner, größer oder gleich (<, >, =)?

a) $\frac{3}{5}\ \square\ \frac{4}{7}$ b) $\frac{2}{7}\ \square\ \frac{3}{8}$ c) $\frac{6}{14}\ \square\ \frac{8}{28}$ d) $\frac{11}{12}\ \square\ \frac{7}{8}$ e) $\frac{36}{81}\ \square\ \frac{4}{9}$ f) $\frac{20}{55}\ \square\ \frac{5}{11}$ g) $\frac{36}{48}\ \square\ \frac{12}{16}$

$\frac{14}{21}\ \square\ \frac{2}{3}$ $\frac{7}{12}\ \square\ \frac{5}{6}$ $\frac{15}{27}\ \square\ \frac{6}{9}$ $\frac{4}{11}\ \square\ \frac{9}{33}$ $\frac{7}{15}\ \square\ \frac{3}{8}$ $\frac{5}{12}\ \square\ \frac{4}{9}$ $\frac{3}{4}\ \square\ \frac{10}{13}$

4 Welcher Bruchteil ist größer? Bestimme den Platzhalter.

a)    b)   c)

$\frac{1}{3}\ \square\ \frac{1}{8}$ $\frac{3}{5}\ \square\ \frac{3}{9}$

5 Ordne die Brüche der Größe nach:

$\frac{9}{100},\ \frac{9}{43},\ \frac{9}{750},\ \frac{9}{2},\ \frac{9}{15},\ \frac{9}{42}$

Brüche am Zahlenstrahl

1

Julia und Markus versuchen, Karten mit Brüchen richtig anzuordnen. Wohin gehören die restlichen Karten?

2 Zeichne einen Zahlenstrahl von 0 bis 2 (16 cm lang) und trage folgende Brüche ein:

$\frac{1}{4}$, $\frac{12}{8}$, $1\frac{1}{2}$, $\frac{12}{16}$, $\frac{3}{8}$, $\frac{8}{8}$, $\frac{2}{16}$, $\frac{5}{8}$, $1\frac{1}{8}$, $\frac{8}{4}$, $1\frac{5}{16}$, $1\frac{5}{8}$, $1\frac{3}{4}$, $\frac{1}{8}$

Welche Brüche liegen auf dem Zahlenstrahl an der gleichen Stelle?

3 Gib jeweils einen Bruch an, der zu dem markierten Punkt gehört.

Auch Brüche lassen sich auf dem Zahlenstrahl anordnen.

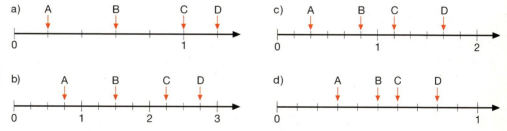

Ordne die angegebenen Brüche und die gemischten Zahlen den markierten Punkten zu.

$\frac{1}{4}$, $\frac{3}{4}$, $\frac{7}{4}$, $\frac{11}{4}$, $\frac{13}{4}$, $\frac{22}{4}$, $\frac{25}{4}$, $\frac{1}{2}$, $1\frac{1}{4}$, $1\frac{3}{4}$, $2\frac{1}{2}$, $3\frac{1}{4}$, $4\frac{1}{4}$, $5\frac{2}{4}$, $6\frac{1}{4}$

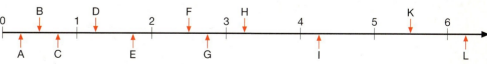

Brüche, die auf dem Zahlenstrahl an der gleichen Stelle liegen, bezeichnen dieselbe **Bruchzahl**.

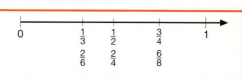

Bruchteile von Größen

1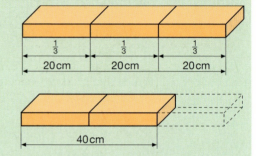
- $\frac{1}{2}$ der Gesamthöhe
- $\frac{1}{3}$ der Gesamthöhe
- $\frac{1}{6}$ der Gesamthöhe

Der Leuchtturm hat mit Fundament eine Gesamthöhe von 60 m.
a) Wie hoch ragt er aus dem Wasser?
b) Wie tief steckt er im Meeresboden?
c) Wie tief ist das Wasser an seinem Standort?

2 So kannst du $\frac{2}{3}$ von 60 cm bestimmen:

1. Berechne **ein Drittel** des Ganzen. Teile dazu 60 cm durch 3. Du erhältst 20 cm.

   60 cm : 3 = 20 cm

2. Bestimme **zwei Drittel** des Ganzen. Multipliziere dazu 20 cm mit 2.

   20 cm · 2 = 40 cm

3. Schreibe die Aufgabe mit dem Ergebnis auf: $\frac{2}{3}$ **von 60 cm sind 40 cm.**

Berechne:

a) $\frac{1}{4}$ von 80 cm b) $\frac{7}{10}$ von 200 DM c) $\frac{3}{4}$ von 60 m d) $\frac{6}{7}$ von 1400 t

$\frac{2}{4}$ von 80 cm $\frac{3}{4}$ von 40 kg $\frac{5}{12}$ von 72 l $\frac{2}{3}$ von 240 m

$\frac{3}{4}$ von 80 cm $\frac{5}{6}$ von 60 km $\frac{2}{3}$ von 45 min $\frac{5}{11}$ von 990 g

3 Berechne: $\frac{11}{15}$ von 165 m sind ■; 165 $\xrightarrow{:15}$ 11 m $\xrightarrow{\cdot 11}$ 121 m

a) $\frac{2}{3}$ von 18 m b) $\frac{3}{4}$ von 32 m c) $\frac{2}{7}$ von 35 m d) $\frac{4}{5}$ von 45 m

$\frac{4}{5}$ von 55 g $\frac{5}{6}$ von 120 kg $\frac{3}{8}$ von 24 l $\frac{5}{12}$ von 60 min

$\frac{11}{15}$ von 75 ml $\frac{15}{20}$ von 200 ha $\frac{12}{25}$ von 100 DM $\frac{3}{125}$ von 1000 h

4 Berechne:

a) $\frac{4}{5}$ von 125 m b) $\frac{7}{9}$ von 189 km c) $\frac{11}{12}$ von 84 m d) $\frac{5}{17}$ von 51 mm

$\frac{4}{9}$ von 333 g $\frac{6}{7}$ von 434 g $\frac{3}{8}$ von 712 g $\frac{5}{8}$ von 3200 t

$\frac{8}{11}$ von 187 hl $\frac{9}{13}$ von 156 m² $\frac{4}{15}$ von 510 ha $\frac{14}{25}$ von 7500 l

Bruchteile berechnen

5 Vom Gletscher ist eine 140 m hohe Platte abgebrochen und treibt nun als Eisberg im Meer. Nur etwa $\frac{1}{7}$ davon ragt aus dem Wasser.

6 Wale können 100 Jahre alt werden. Im Vergleich dazu schafft der Igel $\frac{14}{100}$, der Goldhamster $\frac{4}{100}$, der Uhu $\frac{7}{10}$, der Schwan $\frac{3}{10}$, die Klapperschlange $\frac{1}{5}$, der Goldfisch $\frac{2}{5}$, der Guppy $\frac{1}{20}$, die Vogelspinne $\frac{3}{20}$, der Regenwurm $\frac{1}{10}$. Berechne das Höchstalter der Tiere.

7 Eine Schwalbe fliegt in der Sekunde etwa 54 m weit, eine Brieftaube schafft etwa $\frac{1}{3}$ dieser Strecke, ein Pferd im Galopp $\frac{5}{27}$, ein Finnwal $\frac{5}{54}$ und der Mensch im schnellen Lauf $\frac{1}{6}$ der Strecke.

8 Etwa $\frac{3}{4}$ des Gewichts eines Apfels ist Wasser und $\frac{1}{4}$ des Gewichts ist Fruchtzucker. Wie viel Gramm Wasser und wie viel Gramm Zucker enthält ein Apfel von 120 g (180 g, 240 g)?

9 Pro Kopf verbraucht ein Bundesbürger täglich etwa 140 l Trinkwasser. Davon entfallen auf Körperpflege $\frac{1}{14}$, Trinken und Kochen $\frac{1}{28}$, Toilettenspülung $\frac{2}{7}$, Wohnungsreinigung $\frac{1}{28}$, Baden und Duschen $\frac{3}{14}$, Geschirrreinigen $\frac{1}{14}$, Wäsche waschen $\frac{3}{14}$, Garten und Auto $\frac{1}{14}$. Wie viele Liter sind das jedes Mal?

10

$1\ l = 1000\ ml$

Im Alltag findest du oft Größen, deren Zahlenwert ein Bruch ist.

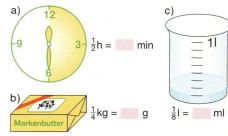

a) $\frac{1}{2}$ h = ■ min

b) $\frac{1}{4}$ kg = ■ g

c) $\frac{1}{8}$ l = ■ ml

Ersetze den Platzhalter.

11 Bestimme den Platzhalter.

a) $\frac{1}{2}$ kg = ■ g

$\frac{1}{4}$ m = ■ cm

$\frac{1}{5}$ t = ■ kg

b) $\frac{1}{3}$ h = ■ min

$\frac{1}{4}$ min = ■ s

$\frac{1}{10}$ g = ■ mg

c) $\frac{3}{8}$ t = ■ kg

$\frac{2}{5}$ kg = ■ g

$\frac{3}{4}$ h = ■ min

d) $3\frac{1}{2}$ t = ■ kg

$2\frac{1}{4}$ h = ■ min

$1\frac{3}{5}$ m = ■ cm

190 Das Ganze bestimmen

1  Maren und Nils machen eine Fahrradtour. Wie lang ist die gesamte Fahrstrecke? Wie viele Kilometer müssen sie noch bis zu ihrem Zielort fahren?

2 Löse die Aufgabe wie im Beispiel.

$\frac{7}{10}$ von ■ sind 21 m
■ $\xrightarrow{:10}$ ■ $\xrightarrow{\cdot 7}$ 21 m
■ $\xrightarrow{:10}$ 3 $\xrightarrow{\cdot 7}$ 21 m
30 $\xrightarrow{:10}$ 3 $\xrightarrow{\cdot 7}$ 21 m
$\frac{7}{10}$ von 30 m sind 21 m

a) $\frac{2}{3}$ von ■ sind 6 km
■ $\xrightarrow{:3}$ ■ $\xrightarrow{\cdot 2}$ 6 km

b) $\frac{4}{5}$ von ■ sind 80 g
■ $\xrightarrow{:5}$ ■ $\xrightarrow{\cdot 4}$ 80 g

c) $\frac{3}{4}$ von ■ sind 27 EUR
■ $\xrightarrow{:4}$ ■ $\longrightarrow$ 27 EUR

d) $\frac{5}{9}$ von ■ sind 55 l
■ $\longrightarrow$ ■ $\longrightarrow$ 55 l

3 Berechne das Ganze.

a) $\frac{3}{4}$ der Strecke sind 60 km
$\frac{2}{3}$ der Strecke sind 200 km
$\frac{4}{9}$ der Strecke sind 80 km

b) $\frac{7}{10}$ des Geldes sind 140 EUR
$\frac{8}{15}$ des Geldes sind 160 EUR
$\frac{5}{7}$ des Geldes sind 250 EUR

c) $\frac{6}{11}$ der Menge sind 18 l
$\frac{3}{5}$ der Menge sind 99 l
$\frac{7}{12}$ der Menge sind 84 l

4  Der Körper eines Neugeborenen besteht etwa zu $\frac{2}{3}$ aus Wasser. Wie viel Gramm wog das Kind unmittelbar nach seiner Geburt?

5 Ungefähr $\frac{3}{10}$ der Erdoberfläche sind Land. Das sind 153 Mio. Quadratkilometer. Wie groß ist die gesamte Oberfläche der Erde? Wie viel Quadratkilometer der Erde werden von Wasserflächen bedeckt?

6 a) Die Ruhr ist auf $\frac{1}{5}$ ihrer Länge schiffbar, das sind 43 km. Bestimme ihre Länge.
b) Berechne die Gesamtlänge folgender Flüsse:
Rhein (schiffbar auf $\frac{3}{4}$ der Länge, das sind 990 km),
Elbe (schiffbar auf $\frac{4}{5}$ der Länge, das sind 932 km).

LERNKONTROLLEN

Jetzt wird erst gespielt!

ZIEL

- $100 - 50 \cdot 2$ — 3
- Wahr oder falsch? $6,55 < 5,66$ — 4
- Erweitere um 2 Zahlen: 81, 27, 9, ... — 4
- $3200 : 8$ — 2
- $2\frac{1}{2}$ h = ? min — 2
- $6 \cdot 6 \cdot 6$ — 4
- $8 \cdot 4 + 67$ — 2/3
- $500\,g + 2,5\,kg = ?\,kg$ — 3
- Auf „Ziel" springen! Schade!
- $576 - 177$ — 2
- Gehe 9 Felder zurück. Du kannst erneut „Punkten"!
- Runde auf Tausender: 69 499 — 3
- $340 + 720 + 150$ — 2
- $96 : 8$ — 3
- $12 \cdot 12$ — 3
- $2500\,g = ?\,kg$ — 2
- $777 - 555 - 111$ — 3
- $7 \cdot 21$ — 2
- Auf „Ziel" springen! Schade!
- $119 : 7$ — 3
- Gehe 9 Felder zurück. Du kannst erneut „Punkten"!
- Verdreifache 24 — 3
- $4360 - 3640$ — 4
- $60 \cdot 15$ — 3
- $5 \cdot 13$ — 3
- $500 + 700$ — 1

START

SPIELREGELN

1. Hast du die Aufgabe auf einem Spielfeld richtig gelöst (Zeit: 20 s), erhältst du die angegebene Punktzahl.
2. Sieger ist, wer am Ziel die meisten Punkte gesammelt hat.

Natürliche Zahlen   193

1 Ordne mit Hilfe des Zeichens <: a) 645 075, 640 575, 654 705, 650 745, 655 704
   b) 799 896, 7 000 099, 5 846 379, 5 913 460, 7 000 100

2 Schreibe in Ziffern: a) 28 Mrd 28 T   b) zwei Milliarden vier
   167 Mio 36 E   fünf Millionen viertausendzwei

3 Wie heißen die markierten Zahlen?

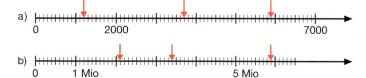

4 An einer Kasse im Zoo sind die Karten Nr. 9811 bis 9835 verkauft worden. Wie viele Personen wurden eingelassen?

5 Gib die nächsten drei Zahlen der Zahlenfolgen an.
   a) 6, 12, 18, 24, ...   b) 3, 6, 12, ...   c) 1, 4, 16, ...

6 Runde auf: a) Hunderter: 744, 8351, 12 560   b) Tausender: 60 488, 122 628, 983 399

1 Schreibe in Ziffern: a) zwei Milliarden siebentausend
   b) achthunderteinundfünfzig Billionen drei

2 Wie heißt a) der Vorgänger der kleinsten fünfstelligen Zahl, b) die zweitgrößte dreistellige Zahl?

3 Wie viele Zahlen liegen zwischen
   a) 3029 und 3044   b) 300 000 und 900 000   c) 80 Mrd. und 800 Mrd.

4 Wie viele dreistellige Zahlen gibt es, die a) eine 0 als Zehner haben, b) gleichzeitig eine 2 als Einer und eine 3 als Zehner haben?

5 Setze die Zahlenfolgen um drei Zahlen fort.
   a) 74, 77, 82, 89, ...   b) 18, 20, 25, 27, 32, ...   c) 300, 172, 108, 76, 60, ...

6 Wie heißt die größte und die kleinste Zahl, die beim Runden auf Hunderter 2100 ergibt?

7 a) Schreibe die Zahlen 32 und 360 mit römischen Zahlzeichen.
   b) Schreibe mit unseren Zahlzeichen: XXXVII   CI   MDCCCIII

8 Übersetze vom Zehnersystem ins Zweiersystem. a) 36   b) 81

1 a) 416 688 + 42 365 + 964 b) 24 800 − 117 − 98 − 8431
c) 149 355 + 48 329 + 6788 d) 342 577 − 108 086 − 35 486

2 a) 723 − (169 + 86) b) (783 − 299) − (343 − 121)
c) 485 − (379 − 51) d) 1000 − (25 + 147 + 437)

3 a) 88 666 + ■ = 123 456 b) ■ − 5 657 898 = 22 234 444

4 a) Addiere die Zahl 543 zu der Summe von 234 und 456.
b) Subtrahiere die Zahl 341 von der Differenz aus 4434 und 433.
c) Addiere die Summe aus 45 und 81 zu der Differenz aus 2000 und 650.

5 Ein Parkhaus hat 1352 Plätze. Während der Nacht waren 25 Autos eingestellt. Im Laufe des Vormittags fahren 1579 Autos hinein und 428 heraus. Wie viele Plätze sind noch frei?

6 Eine Kassiererin der Firma Bauer hat 247 EUR in ihrer Kasse. Im Laufe des Tages nimmt sie 1347 EUR ein, zahlt 745 EUR aus, zahlt 398 EUR aus, nimmt 1359 EUR ein, nimmt 68 EUR ein, zahlt 1056 EUR aus. Wie viel EUR hat sie jetzt in der Kasse?

1 a) 357 980 + 6278 + 938 649 b) 400 555 678 − 8675 + 986 475 − 748
c) 6 432 840 − 71 064 − 509 867 d) 3 167 524 − 56 872 + 8135 − 600 360

2 Benutze zur Lösung der folgenden Aufgaben das Vertauschungs- und das Verbindungsgesetz.
a) 69 + 137 + 31 + 23 b) 198 + 76 + 24 + 102 c) 238 + 147 + 132 + 233

3 a) 24 646 − (5826 − 2057) + 110 b) 365 008 − (8247 + 3812) − 85

4 Subtrahiere von der Summe der Zahlen 79 548 und 54 818 die Differenz der Zahlen 3509 und 955.

5 Bauer Deepe liefert der Zuckerfabrik vier Wagen Rüben. Die Wagen wiegen beladen 4775 kg, 4138 kg, 3951 kg und 3885 kg. Der leere Wagen wiegt 1940 kg. Wie viel kg Zuckerrüben liefert der Bauer insgesamt?

6 Frau Herbst ist dreimal so alt wie ihre Tochter Kerstin, die vier Jahre jünger ist als ihr Bruder Christian. Christian ist 35 Jahre jünger als der 53 Jahre alte Herr Herbst. Wie alt sind alle zusammen?

7 Die Summe dreier Zahlen beträgt 25 628. Die erste Zahl heißt 8949, die zweite ist um 1321 kleiner als die dritte Zahl.

Geometrie

1 Suche aus dem Bild die Strecken heraus und miss ihre Länge.

2 Übertrage die Punkte und Geraden in dein Heft.
  a) Zeichne durch die Punkte die Senkrechte zu g.
  b) Zeichne jeweils die Parallelen zu g durch die vorgegebenen Punkte.

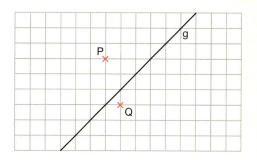

3 Zeichne ein Rechteck mit den Seitenlängen 6,4 cm und 3,3 cm.
  a) Zeichne die Diagonalen ein.   b) Miss die Längen der Diagonalen.

4 Schreibe drei Eigenschaften auf, die für das Rechteck *und* für das Quadrat zutreffen.

5 Zeichne zwei Parallelen im Abstand von 4,3 cm.

6 a) Bestimme die Abstände der drei Punkte A, B und C von g.   b) Bestimme den Abstand der beiden Parallelen.

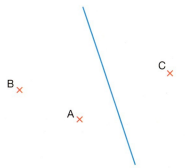 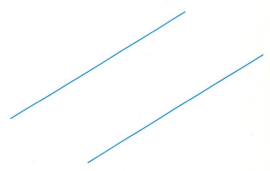

7 Die Mittellinien eines Rechtecks sind 6 cm und 4 cm lang. Zeichne das Rechteck.

8 Zeichne drei Geraden a, b und c nach folgenden Angaben. Beschrifte die Geraden.
  a) $a \perp b$ und $b \perp c$ b) $a \perp b$ und $b \parallel c$

9 Die Diagonale eines Quadrats ist 5,4 cm lang. Zeichne das Quadrat.

1 Gib zu jedem Punkt die Koordinaten an.

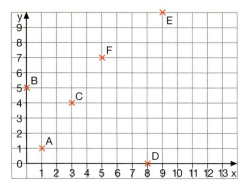

2 Zeichne ein Koordinatensystem und trage die Punkte A (6|2), B (9|1), C (8|4) und D (5|5) ein. Verbinde die Punkte zu einem Viereck und trage die Diagonalen ein. Wie heißen die Koordinaten des Schnittpunktes der beiden Diagonalen?

3 Untersuche die Flaggen auf Spiegelachsen. Schreibe die Anzahl der Symmetrieachsen der einzelnen Flaggen auf.

4 Zeichne die Figuren in dein Heft und ergänze sie zu achsensymmetrischen Figuren.

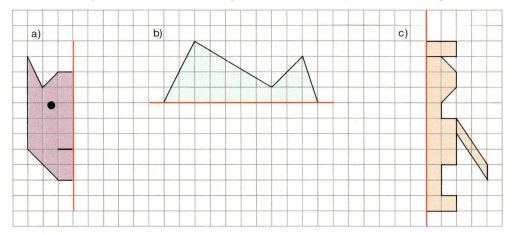

5 Zeichne in einem Koordinatensystem eine Gerade durch die Punkte A (2|1) und B (8|7). Zeichne eine weitere Gerade ein, die durch den Punkt C (1|8) geht und die senkrecht auf der ersten steht. Wo schneidet diese Senkrechte die Rechtsachse?

6 Zeichne ein Koordinatensystem und trage die folgenden Punkte eines Vierecks ein:
A (2|2) B (12|6), C (10|10) und D (4|10).
a) Zeichne die Mittellinien des Vierecks ein. In welchem Punkt schneiden sie sich?
b) Verbinde die Mitten der Seiten zu einem Viereck. Was für ein Viereck entsteht?
c) Trage dessen Diagonalen ein. Wo schneiden sich diese?

Multiplizieren und Dividieren 197

1 a) 5678 · 9   b) 6953 · 6307   c) 12210 : 6   d) 180690 : 30

2 a) 40 + 30 · 3   b) 40 + 20 : (5 − 3)   c) 102 : 6 + 7 · 110 − 12 · 50
d) 24 − 4 : 2 − 2   e) 2 + (24 − 4) : 2

3 a) Subtrahiere von 311 das Produkt der Zahlen 27 und 9.
b) Multipliziere den Quotienten der Zahlen 90 und 3 mit 180.

4 Auf einer Industriemesse wurden insgesamt 45000 Kataloge gedruckt. Ein Katalog wiegt 1950 g.
a) Welches Gewicht haben alle Kataloge zusammen?
b) Gib das Gewicht aller Kataloge in kg an.

5 Die Klasse 6a war für einige Tage in einer Jugendherberge. Für Fahrt, Unterkunft und Verpflegung mussten insgesamt 1182 EUR überwiesen werden.
a) Welchen Betrag hat jeder der zwölf Jungen und zwölf Mädchen bezahlt?
b) Wie viel EUR hätte jeder Schüler bezahlen müssen, wenn nur 20 Schüler mitgefahren wären?

6 Ein Telefonbuch hat 793 Seiten. Eine Seite hat fünf Spalten und jede Spalte hat durchschnittlich 103 Telefonnummern.

1 a) 467 · 506   b) 25584 : 12   c) 1745 · 7145   d) 39488 : 32

2 Berechne vorteilhaft: a) 239 · 4 · 25   b) 250 · 38 · 4   c) 50 · 27 · 2

3 a) (721 + 336 : 12) : 7 + 24 · 38 = ■   b) 2617 − 89 · 34 + 4908 : 12 = ■

4 Subtrahiere den Quotienten der Zahlen 2184 und 12 von dem Produkt der Zahlen 27 und 9.

5 Drei Geschwister hatten 49 EUR, 35 EUR und 41 EUR gespart. Die Großeltern schenkten jedem Kind einen gleich hohen Betrag. Danach besaßen die drei Geschwister zusammen 200 EUR.

6 Alexander möchte sich einen Roller für 1340 EUR kaufen. Er zahlt 480 EUR an. Den Rest will er in acht gleichen Monatsraten zahlen. Wie hoch ist jede Rate?

7 Bei der Fernsehübertragung der Olympischen Spiele zahlte ein Unternehmen für eine Minute Werbung 270000 EUR an die Fernsehanstalt. Die Werbesendungen liefen montags $\frac{1}{4}$ Minute, mittwochs 20 Sekunden und freitags $\frac{3}{4}$ Minute.
a) Wie viele Sekunden betrug die Werbezeit in einer Woche?
b) Wie viel musste das Unternehmen für die Werbung zahlen?

8 a) Berechne: 3^4, 25^2, 4^3, 6^2, 10^6, $4 \cdot 5^2$, $3 \cdot 6^3$, $3^3 \cdot 4$, $10^5 \cdot 7$
b) Schreibe als Potenz: 1000, 8, 49, 125, 216, 32, 64

Rechnen mit Größen

1 Verwandle in die angegebene Einheit.
a) 9000 Cent (EUR)
5050 Cent (EUR)
b) 270 EUR (Cent)
60,06 EUR (Cent)
c) 38 kg (g)
727 t (kg)
d) 5000 mg (g)
10 000 g (kg)

2 a) 4,007 kg (g)
0,089 g (mg)
b) 5 t 400 kg (kg)
29 g 30 mg (mg)
c) 2400 kg (t)
111 g (kg)
d) 2468 mg (g)
7 kg (t)

3 a) 6,12 EUR + 42 EUR
400 EUR − 240 Cent
b) 0,85 EUR · 6
30,20 EUR : 5
c) 23 t + 601 kg
127 kg − 0,086 t
d) 10 g : 4
0,081 t · 16

Geld und Gewicht

4 Der Buchhändler Dieken will Bücher versenden. Die Bücher wiegen 510 g, 397 g, 284 g, 324 g, 409 g. Die Verpackung wiegt 150 g. Kann er die Bücher noch als Päckchen (bis 2 kg) abschicken?

5 Ein Schinken wiegt 13 kg. Die Verkäuferin schneidet nacheinander 500 g, 0,250 kg, 750 g und 1,100 kg ab. Wie viel bleibt übrig?

6 Die 81 Millionen Bürger in Deutschland essen pro Kopf 17 kg Bananen im Jahr.
a) Wie viele kg Bananen verzehren alle Menschen in Deutschland insgesamt?
b) Ein kg Bananen kostet ungefähr 1,5 EUR. Wie viel Geld gibt jeder Bürger durchschnittlich im Jahr für Bananen aus?

7 Einer der größten Tanker der Welt kann etwa 360000 t Öl laden. Ein Kesselwagen der Bahn fasst etwa 48 000 kg. Wie viele Güterzüge mit je 30 Wagen sind nötig, um die Ölmenge des Hochseetankers abzutransportieren?

1 a) 81 dm (cm)
28 cm (mm)
b) 24 km (m)
1,835 km (m)
c) 3,330 m (mm)
6,45 m (cm)
d) 30 cm (m)
11 m (km)

2 a) 6 min (s)
720 min (h)
b) 5 min 24 s (s)
3 h 17 min (min)
c) 1 h (s)
3 d (h)
d) $\frac{1}{4}$ h (min)
$1\frac{1}{2}$ h (min)

Längen und Zeit

3 a) 2,400 km − 820 m
4,6 dm + 58 cm
b) 2,250 km · 3
0,84 m : 4
c) 2 h 12 min : 6
1 h 15 min · 15
d) 7,3 m − 20 dm
12 m + 8 dm + 75 cm

4 Bei einem Gewitter misst du zwischen Blitz und Donner neun Sekunden. Wie weit ist das Gewitter entfernt? (Der Schall legt in einer Sekunde 340 m zurück.)

5 Katharinas Schulweg ist 1,800 km lang. Sie besucht seit fünf Jahren die Schule. Jedes Jahr hat 198 Schultage. Hat sie mehr als 3000 km zurückgelegt?

6 In einer Sekunde legt ein Fußgänger 1,30 m zurück, ein Pkw 26,50 m und ein Düsenflugzeug 250 m. Wie weit kommt jeder in 20 Minuten?

Geometrische Körper

1 Gib die Namen der folgenden Körper an.

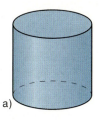
a)
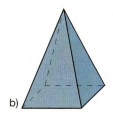
b)
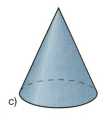
c)
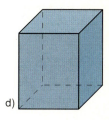
d)

2 Wie heißt der Körper a) der weder Ecken noch Kanten hat, b) dessen Kanten alle gleich sind?

3 a) Welche Form haben die Begrenzungsflächen eines Würfels (eines Quaders)?
b) Gib die Anzahl der Flächen eines Würfels an.
c) Wie viele Ecken und wie viele Kanten hat ein Quader?

4 Welche Zeichnungen stellen Würfelnetze dar?

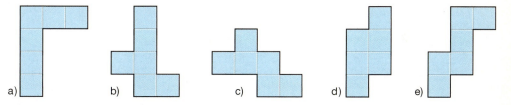

5 Übertrage die beiden Würfelnetze in dein Heft.
a) Kennzeichne die Fläche farbig, die der gefärbten Fläche gegenüberliegt.
b) Kennzeichne farbig die Punkte, die beim Zusammenfalten zu ein und derselben Ecke gehören.

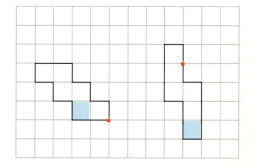

6 In einem Kasten liegen 30 gleich große Spielwürfel. Wie viele Spielwürfel muss man zusammensetzen, damit ein neuer Würfel entsteht?

7 Jan will aus Draht das Kantenmodell eines Würfels bauen. Wie viel Draht benötigt er, wenn eine Kante 11 cm lang werden soll?

8 Die Kantenlängen einer Kiste betragen 20 cm, 10 cm und 15 cm. Wie lang muss ein Klebestreifen sein, wenn alle Kanten einmal beklebt werden?

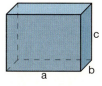

1 Verwandle in die angegebenen Einheiten.
a) 32 600 m² (a)
8 000 a (ha)
81 700 dm² (m²)
b) 4 m² 6 dm² (dm²)
7 km² 16 ha (ha)
9 cm² 9 mm² (mm²)
c) 24 a 2 m² (a)
9 ha 17 a (ha)
28 m² 3 dm² (m²)
d) 460 a (ha)
37 m² (a)
111 ha (km²)

2 Ein Rechteck ist 80 cm lang und 52 cm breit.
a) Wie groß ist der Umfang?
b) Berechne den Flächeninhalt.

3 Der Umfang eines Quadrates ist 24 cm. Berechne die Seitenlänge und den Flächeninhalt.

4 Die Fläche eines Quadrates beträgt 81 cm². Berechne die Seitenlänge und den Umfang.

5 Ein Bauplatz von 1632 m² hat eine Länge von 32 m. Wie breit ist er?

6 Zeichne ein Rechteck mit den Seiten 12 cm und 4 cm. Teile es in möglichst große Quadrate auf. Wie groß ist der Flächeninhalt eines Quadrates?

1 Verwandle in die angegebenen Einheiten.
a) 5 ha 43 a (a)
6 m² 7 dm² (m²)
b) 345 m² (a)
28 cm² (dm²)
c) 3 cm² 8 mm² (cm²)
6 a 5 m² (m²)
d) 4 515 m² (km²)
24 100 m² (ha)

2 a) 30 ha 8 a + 4 ha 92 a
b) 42 m² : 50

3 Ein 12 m langes Rechteck hat einen Umfang von 56 m.
a) Wie breit ist das Rechteck?
b) Berechne den Flächeninhalt.

4 Zwei Dörfer werden durch eine gerade Straße verbunden, die 4,900 km lang und 5 m breit werden soll. Wie viel Hektar Land werden gebraucht?

5 Herr Germar kann mit einem Ballen Düngetorf eine Gartenfläche von 48 m² abdecken. Wie viele Torfballen braucht Herr Germar für seinen 2,88 a großen Garten?

6 Ein rechteckiges Zimmer, das 4,40 m lang und 3,60 m breit ist, soll mit quadratischen Teppichfliesen mit 40 cm Seitenlänge ausgelegt werden.
a) Wie lang ist die Fußleiste, wenn das Zimmer zwei Türen mit je 90 cm Breite hat?
b) Wie teuer sind die Teppichfliesen, wenn eine Fliese 2,70 EUR kostet?

7 Thomas hat quadratische Plättchen von 3 cm Länge. Aus 16 Plättchen legt er ein neues Quadrat. Berechne den Umfang und den Flächeninhalt des neuen Quadrates.

Teilbarkeit

1 Bestimme alle Teiler   a) von 48   b) von 60.

2 Wo ist die Menge aller Vielfachen richtig angegeben?
a) $V_{30} = \{60, 90, 120, 150, \ldots\}$ b) $V_8 = \{8, 16, 24, 32, 40\}$ c) $V_{13} = \{13, 26, 39, 52, \ldots\}$

3 Sind die Aussagen wahr (w) oder falsch (f)?
a) $9 \nmid 24$ b) $12 \mid 48$ c) $18 \mid 54$ d) $4 \mid 82$ e) $24 \mid 6$

4 Untersuche, ob die Zahlen 144, 2400, 4896 und 13 005 teilbar sind durch 2 (3, 4, 5, 9).

5 Bestimme den größten gemeinsamen Teiler (ggT) von
a) 18 und 30   b) 15 und 45   c) 36 und 54   d) 16, 24 und 48.

6 Bestimme das kgV von
a) 4 und 6   b) 8 und 11   c) 16 und 20   d) 75 und 100.

7 Suche die Primzahlen heraus: 1, 2, 5, 9, 21, 23, 35, 39, 41, 45, 49

8 Vor dem Bahnhof fahren um 6.50 Uhr die Busse der Linie 1 und 10 gemeinsam ab. Die Busse der Linie 1 fahren alle 8 Minuten, die Busse der Linie 10 alle 12 Minuten. Um wie viel Uhr fahren beide Busse das nächste Mal wieder gleichzeitig vom Bahnhof ab?

1 a) Schreibe alle Teiler von 84 auf.
b) Vervollständige folgende Teilermenge: $T_\blacksquare = \{—, —, —, —, 33, —\}$

2 a) Schreibe die kleinste fünfstellige Zahl auf, die durch 9 teilbar ist.
b) Gib die größte vierstellige Zahl an, die durch 4 teilbar ist.

3 Untersuche, ob die Zahlen 96, 675, 2790 und 18 900 teilbar sind durch 4 (6, 9, 25).

4 Nenne alle Primzahlen zwischen 50 und 70.

5 Bestimme den ggT mit Hilfe der Primfaktorzerlegung:
a) 36 und 60   b) 72 und 180   c) 175, 280 und 245

6 Bestimme das kgV mit Hilfe der Primfaktorzerlegung.
a) 56 und 84   b) 35, 54 und 63   c) 28, 35 und 56

7 Rainer, Dirk und Dieter treffen sich am 1. Ferientag in den Sommerferien im Freibad. Rainer geht jeden dritten Tag zum Schwimmen. Dirk regelmäßig alle sechs Tage und Dieter jeden 5. Tag. An welchem Ferientag treffen sich die drei Jungen wieder gemeinsam im Schwimmbad?

8 Die Weide des Pferdezüchters Köllner ist 150 m lang und 144 m breit. Sie soll neu eingezäunt werden. An der Längs- und auch an der Breitseite sollen Pfosten im gleichen Abstand stehen. Berechne den größtmöglichen Abstand.

1 Welcher Bruchteil der Gesamtfläche ist farbig dargestellt?

a) 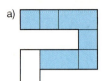　b) 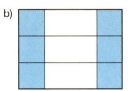　c) 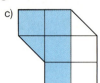　d)

2 Zeichne zu jeder Aufgabe ein Rechteck (4 cm lang, 3 cm breit) und färbe den angegebenen Bruchteil.

a) $\frac{3}{8}$　　b) $\frac{5}{6}$　　c) $\frac{13}{24}$

3 Bestimme den Platzhalter.

a) $\frac{54}{63} = \frac{6}{\blacksquare}$　　b) $\frac{18}{24} = \frac{\blacksquare}{4}$　　c) $\frac{\blacksquare}{72} = \frac{9}{18}$　　d) $\frac{60}{\blacksquare} = \frac{20}{60}$

4 Kürze so weit wie möglich.

a) $\frac{36}{72}$　　b) $\frac{21}{28}$　　c) $\frac{48}{54}$　　d) $\frac{126}{144}$

5 Vergleiche die Brüche.

a) $\frac{2}{3} \; \blacksquare \; \frac{8}{12}$　　b) $\frac{32}{64} \; \blacksquare \; \frac{5}{8}$　　c) $\frac{3}{4} \; \blacksquare \; \frac{5}{6}$　　d) $\frac{3}{70} \; \blacksquare \; \frac{3}{80}$

---

1 Welcher Bruchteil des Rechtecks ist
a) rot　　b) gelb　　c) blau　　d) grün
dargestellt?

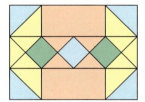

2 Welcher Bruchteil fehlt hier am Ganzen?

a)　　　　　　　　　　　　　　b)

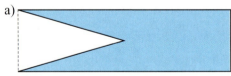

3 Bestimme den Platzhalter.

a) $\frac{12}{108} = \frac{\blacksquare}{9}$　　b) $\frac{35}{180} = \frac{7}{\blacksquare}$　　c) $\frac{\blacksquare}{189} = \frac{9}{27}$　　d) $\frac{120}{\blacksquare} = \frac{360}{540}$

4 Kürze so weit wie möglich.

a) $\frac{108}{180}$　　b) $\frac{99}{132}$　　c) $\frac{72}{108}$　　d) $\frac{117}{260}$

5 Ordne die folgenden Brüche der Größe nach. Beginne mit dem kleinsten Bruch.

a) $\frac{1}{2}, \frac{7}{8}, \frac{3}{4}$　　b) $\frac{3}{4}, \frac{2}{3}, \frac{5}{6}$　　c) $\frac{3}{4}, \frac{5}{8}, \frac{9}{16}, \frac{15}{32}$

Lösungen zu den Lernkontrollen

zu Seite 193

1 a) 640 575 < 645 075 < 650 745 < 654 705 < 655 704
b) 799 896 < 5 846 379 < 5 913 460 < 7 000 099 < 7 000 100

2 a) 28 000 028 000 b) 2 000 000 004
167 000 036 5 004 002

3 a) 1200, 3700, 5900 b) 2 100 000, 3 400 000, 5 900 000 c) 6000, 15 000, 28 000

4 25 Personen

5 a) ... 30, 36, 42, ... b) ... 24, 48, 96, ... c) ... 64, 256, 1024 ...

6 a) 700, 8400, 12 600 b) 60 000, 123 000, 983 000

1 a) 2 000 007 000 b) 851 000 000 000 003

2 a) 9999 b) 998

3 a) 14 Zahlen b) 599 999 Zahlen c) 719 999 999 999 Zahlen

4 a) 90 b) 9

5 a) ... 98, 109, 122, ... b) ... 34, 39, 41, ... c) ... 52, 48, 46, ...

6 2149 und 2050

7 a) XXXII und CCCLX b) 37, 101, 1803

8 a) 100 100 b) 1 010 001

zu Seite 194

1 a) 460 017 b) 16 154 c) 204 472 d) 199 005

2 a) 468 b) 262 c) 157 d) 391

3 a) 34 790 b) 27 892 342

4 a) 1233 b) 3660 c) 1476

5 176 Plätze

6 822 EUR

1 a) 1 302 907 b) 401 532 730 c) 5 851 909 d) 2 518 427

2 a) (69 + 31) + (137 + 23) = 260 b) (198 + 102) + (76 + 24) = 400
c) (238 + 132) + (147 + 233) = 750

3 a) 20 987 b) 352 864

4 131 812

5 8989 kg

6 Christian 18 Jahre, Kerstin 14 Jahre, Frau Herbst 42 Jahre; alle zusammen 127 Jahre.

7 1. Zahl 8949, 2. Zahl 7679, 3. Zahl 9000

zu Seite 195

1 a) $\overline{AB}$ (3 cm) b) $\overline{CD}$ (1 cm) e) $\overline{OP}$ (2,5 cm) g) $\overline{RS}$ (1,4 cm)

2 –

3 a) – b) 7,2 cm

4 vgl. S. 67

5 –

6 a) Abstand A von g: 9 mm, B von g: 22 mm, C von g: 17 mm b) 21 mm

7 Seitenlängen 6 cm und 4 cm

8 –

9 Seitenlänge 3,8 cm

zu Seite 196

1 A (1|1) B (0|5) C (3|4) D (8|0) E (9|9) F (5|7)

2 Koordinaten des Schnittpunktes der Diagonalen (7|3)

3 –

4 –

5 (9|0)

6 a) (7|7) b) Parallelogramm c) (7|7)

Lösungen zu den Lernkontrollen

zu Seite 197

1 a) 51 102   b) 43 852 571   c) 2035   d) 6023

2 a) 130   b) 50   c) 187   d) 20   e) 12

3 a) 68   b) 5400

4 a) 87 750 000 g   b) 87 750 kg

5 a) 49,25 EUR   b) 59,10 EUR

6 408 395 Telefonnummern

1 a) 236 302   b) 2132   c) 12 468 025   d) 1234

2 a) $239 \cdot (4 \cdot 25) = 23900$ b) $(250 \cdot 4) \cdot 38 = 38000$ c) 2700

3 a) 1019   b) 0

4 61

5 1. Kind 74 EUR,   2. Kind 60 EUR,   3. Kind 66 EUR

6 Rate 107,50 EUR

7 a) 80 Sekunden   b) 360 000 EUR

8 a) $3^4 = 81$ $25^2 = 625$ $4^3 = 64$ $6^2 = 36$ $10^6 = 1\,000\,000$ $4 \cdot 5^2 = 100$ $3 \cdot 6^3 = 648$ $3^3 \cdot 4 = 108$ $10^5 \cdot 7 = 700\,000$
b) $1000 = 10^3$ $8 = 2^3$ $49 = 7^2$ $125 = 5^3$ $216 = 6^3$ $32 = 2^5$ $64 = 4^3$ oder 8^2

zu Seite 198

1 a) 90 EUR   b) 27 000 Cent   c) 38 000 g   d) 5 g
     50,50 EUR   6006 Cent   727 000 kg   10 kg

2 a) 4007 g   b) 5400 kg   c) 2,400 t   d) 2,468 g
     89 mg   29 030 mg   0,111 kg   0,007 t

3 a) 48,12 EUR   b) 5,10 EUR   c) 23,601 t   d) 2,5 g
     397,60 EUR   6,04 EUR   41 kg   1,296 t

4 nein (2074 g)

5 10,4 kg

6 1 377 000 000, 25,50 EUR

7 250 Züge

1 a) 810 cm   b) 24 000 m   c) 3330 mm   d) 0,30 m
     280 mm   1835 m   645 cm   0,011 km

2 a) 360 s   b) 324 s   c) 3600 s   d) 15 min
     12 h   197 min   72 h   90 min

3 a) 1,580 km   b) 6,750 km   c) 22 min   d) 5,3 m
     104 cm   0,21 m   18 h 45 min   13,55 m

4 3060 m

5 neun (1782 km)

6 Fußgänger: 1560 m;   Pkw: 31,800 km;   Flugzeug: 300 km

zu Seite 199

1 a) Zylinder   b) Pyramide   c) Kegel   d) Quader

2 a) Kugel   b) Würfel

3 a) Quadrate (Rechtecke)   b) 6 Flächen   c) 8 Ecken, 12 Kanten

4 b, c, e

5

6 8 oder 27 Spielwürfel

7 132 cm

8 180 cm

Lösungen zu den Lernkontrollen

zu Seite 200

1. a) 326 a   b) 406 dm²   c) 24,02 a   d) 4,60 ha
   80 ha   716 ha   9,17 ha   0,37 a
   817 m²   909 mm²   28,03 m²   1,11 km²

2. u = 264 cm   A = 4160 cm²

3. Seitenlänge 6 cm   A = 36 cm²

4. Seitenlänge 9 cm   u = 36 cm

5. Breite 51 m

6. A = 16 cm²

1. a) 543 a   b) 3,45 a   c) 3,08 cm²   d) 0,004515 km²
   6,07 m²   0,28 dm²   605 m²   2,41 ha

2. a) 35 ha   b) 84 dm²

3. a) Breite 16 m   b) A = 192 m²

4. 2,45 ha

5. 6 Torfballen

6. a) 14,20 m Fußleiste   b) 267,30 EUR

7. u = 48 cm   A = 144 cm²

zu Seite 201

1. a) Teiler von 48: 1, 2, 3, 4, 6, 8, 12, 16, 24, 48
   b) Teiler von 60: 1, 2, 3, 4, 5, 6, 10, 12, 15, 20, 30, 60

2. richtig bei c)

3. a) wahr   b) wahr   c) wahr   d) falsch   e) falsch

4. 144 teilbar durch 2, 3, 4, 9
   2400 teilbar durch 2, 3, 4, 5
   4896 teilbar druch 2, 3, 4, 9
   13005 teilbar durch 3, 5, 9

5. a) 6   b) 15   c) 18   d) 8

6. a) 12   b) 88   c) 80   d) 300

7. 2, 5, 23, 41

8. 7.14 Uhr

1. a) Teiler von 84: 1, 2, 3, 4, 6, 7, 12, 14, 21, 28, 42, 84
   b) $T_{99} = \{1, 3, 9, 11, 33, 99\}$

2. a) 1008   b) 9996

3. 96 teilbar durch 4, 6
   675 teilbar durch 9, 25
   2790 teilbar durch 6, 9
   18900 teilbar durch 4, 6, 9, 25

4. 53, 59, 61, 67

5. a) $36 = 2 \cdot 2 \cdot 3 \cdot 3$ b) $72 = 2 \cdot 2 \cdot 2 \cdot 3 \cdot 3$ c) $175 = 5 \cdot 5 \cdot 7$
   $60 = 2 \cdot 2 \cdot 3 \cdot 5$ $180 = 2 \cdot 2 \cdot 3 \cdot 3 \cdot 5$ $280 = 2 \cdot 2 \cdot 2 \cdot 5 \cdot 7$
   ggT (36, 60) = $2 \cdot 2 \cdot 3 = 12$ ggT (72, 180) = $2 \cdot 2 \cdot 3 \cdot 3 = 36$ $245 = 5 \cdot 7 \cdot 7$
   ggT (175, 280, 245) = $5 \cdot 7 = 35$

6. a) $56 = 2 \cdot 2 \cdot 2 \cdot 7$ b) $35 = 5 \cdot 7$
   $84 = 2 \cdot 2 \cdot 3 \cdot 7$ $54 = 2 \cdot 3 \cdot 3 \cdot 3$
   kgV (56, 84) = $2 \cdot 2 \cdot 2 \cdot 3 \cdot 7 = 168$ $63 = 3 \cdot 3 \cdot 7$
   kgV (35, 54, 63) = $2 \cdot 3 \cdot 3 \cdot 3 \cdot 5 \cdot 7 = 1890$
   c) $28 = 2 \cdot 2 \cdot 7$
   $35 = 5 \cdot 7$
   $56 = 2 \cdot 2 \cdot 2 \cdot 7$
   kgV (28, 35, 56) = $2 \cdot 2 \cdot 2 \cdot 5 \cdot 7 = 280$

7. Am 30. Ferientag

8. größtmöglicher Abstand: 6 m

zu Seite 202

1 a) $\frac{8}{10} = \frac{4}{5}$; b) $\frac{2}{4} = \frac{1}{2}$; c) $\frac{9}{14}$; d) $\frac{3}{8}$

2 a) 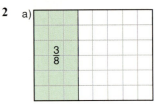 $\frac{3}{8}$ b)  $\frac{5}{6}$ c) $\frac{13}{24}$

3 a) $\frac{54}{63} = \frac{6}{7}$ b) $\frac{18}{24} = \frac{3}{4}$ c) $\frac{36}{72} = \frac{9}{18}$ d) $\frac{60}{180} = \frac{20}{60}$

4 a) $\frac{36}{72} = \frac{1}{2}$ b) $\frac{21}{28} = \frac{3}{4}$ c) $\frac{48}{54} = \frac{8}{9}$ d) $\frac{126}{144} = \frac{7}{8}$

5 a) $\frac{2}{3} = \frac{8}{12}$ b) $\frac{32}{64} < \frac{5}{8}$ c) $\frac{3}{4} < \frac{5}{6}$ d) $\frac{3}{70} > \frac{3}{80}$

1 a) rot: $\frac{20}{48} = \frac{5}{12}$ b) gelb: $\frac{14}{48} = \frac{7}{24}$ c) blau: $\frac{10}{48} = \frac{5}{24}$ d) grün: $\frac{4}{48} = \frac{1}{12}$

2 a) $\frac{1}{4}$ b) $\frac{1}{8}$

3 a) $\frac{12}{108} = \frac{1}{9}$ b) $\frac{35}{180} = \frac{7}{36}$ c) $\frac{63}{189} = \frac{9}{27}$ d) $\frac{120}{180} = \frac{360}{540}$

4 a) $\frac{108}{180} = \frac{3}{5}$ b) $\frac{99}{132} = \frac{3}{4}$ c) $\frac{72}{108} = \frac{2}{3}$ d) $\frac{117}{260} = \frac{9}{20}$

5 a) $\frac{1}{2} < \frac{3}{4} < \frac{7}{8}$ b) $\frac{2}{3} < \frac{3}{4} < \frac{5}{6}$ c) $\frac{15}{32} < \frac{9}{16} < \frac{5}{8} < \frac{3}{4}$

Lösungen zum Kopfrechentraining
zu Seite 25: 55, 67, 81, 81, 42, 54, 43, 4, 11, 80, 6, 7, 7
zu Seite 48: 34, 51, 88, 54, 27, 42, 72, 48, 8, 66, 99, 72, 7
zu Seite 86: 35, 21, 36, 6, 72, 70, 6, 27, 56, 12, 9, 4, 42
zu Seite 109: 9, 7, 54, 7, 42, 54, 64, 27, 7, 27, 9, 14, 7
zu Seite 135: 27, 6, 36, 3, 27, 7, 7, 14, 32, 64, 18, 4, 7
zu Seite 146: 4, 21, 42, 6, 27, 7, 55, 88, 56, 6, 35, 63, 108
zu Seite 158: 84, 60, 36, 84, 82, 72, 83, 128, 63, 19, 103, 35, 39
zu Seite 179: 64, 27, 7, 7, 9, 24, 63, 108, 27, 42, 48, 42, 99
zu Seite 191: 26, 90, 13, 32, 57, 72, 12, 99, 104, 6, 14, 52, 108

Register

Abstand 59, 60
Achsensymmetrische Figuren 82
Addieren 26
Assoziativgesetz 33, 93

Bundesjugendspiele 46, 47
Bruchteil 180
Bruch 182
Bruchzahl 187

Diagramme lesen 18
Diagramme zeichnen 19
Differenz 27
Distributivgesetz 94
Dividend 88
Dividieren 87
Divisor 88
Drachen 75
Dreieck 71

Erweitern 184

Faktor 87
Figuren im Koordinationssystem 79
Flächeneinheiten 152
Flächeninhalt
– des Quadrats 156
– des Rechtecks 156
Freizeit 132, 133

Geld 110
gemeinsame Teiler 163
gemeinsame Vielfache 165
Geometrische Körper 136
Gerade Linien 49, 50
Geraden 54
Gewicht 115
Gleichung 163
Große Zahlen 9, 10

Häufigkeitstabelle 17
Hauptnenner 186
Hochachse 78

Kegel 136
Klammerrechnung 32
Kommutativgesetz 33, 93
Koordinatenystem 77
Kopfrechentraining 25, 48, 86, 109, 135, 146, 158, 179, 191
Kugel 136
Kürzen 184

Längen 119

Maßstab 126
Multiplizieren 87

Natürliche Zahlen 8
Optische Täuschungen 65

Parallele Geraden 61, 62
Parallelogramm 73
Potenzieren 100
Primfaktorzerlegung 176
Primzahl 174
Produkt 87
Punktrechnung 91
Pyramide 136

Quader 136
Quadernetze 142
Quadrat 66
Quotient 88

Raute 73
Rechteck 66
Rechtsachse 78

Säulendiagramm 17
Schrägbilder 144
Schriftliches Addieren 35, 36
Schriftliches Dividieren 102
Schriftliches Multiplizieren 96
Schriftliches Subtrahieren 37
Senkrechte Geraden 56
Strahlen 54
Strecken 51
Streckenzug 53
Strichliste 17
Strichrechnung 91
Subtrahieren 27
Summe 26
Symmetrieachse 82

Teilbarkeitsregeln 167
Teiler 159
Teilermenge 160
Teilbarkeit von Summen 172
Trapez 75

Umfang
– des Quadrats 148
– des Rechtecks 148

Vielfaches 159
Vielfachenmenge 160

Währungstabelle 114
Würfel 136
Würfelnetze 139

Zahlen ablesen 14
Zahlen runden 12
Zahlenfolgen 15, 16
Zahlenstrahl 13
Zehnerpotenzen 22
Zeit 128
Zeitspanne 129
Zeitzonen 131
Zweiersystem 23, 24
Zylinder 136

Bildquellennachweis:

Air France, Frankfurt/Main: 131.2
Irmgard Arnold, Wiesbaden: 7, 8, 9, 10, 11.2, 12, 13, 15, 16.2–3, 17, 19, 25, 26, 29.1–3 30, 31.1–3, 32.2, 35, 36, 37.1–2, 38.1–2, 39, 40.1–3, 42.2, 46, 47, 48, 49.3, 50.1, 51.1, 53.1, 54, 56.1, 59, 61.1, 62, 66.2, 68, 69, 71.3, 72, 73.1–3, 76.1–2, 77.2, 79, 85.1, 86, 89, 93, 100, 101, 109, 114.1, 115.1, 116, 117, 120, 122.1, 123, 124.1–2, 125.3, 126, 127.2–4, 131.1, 132.1-2, 134, 135, 138.2, 139, 141, 145, 146, 147.1, 153, 155, 157.1–3, 148, 159, 161, 163, 164, 165, 166.2/3, 167.1, 168, 170, 171, 174, 176, 179, 180
Bavaria Bildagentur, Gauting: 82.1–2, 102, 104, 118, 125.2
Dodenhof, Posthausen: 66.1
Fotostudio Druwe/Polastri, Cremlingen/Weddel: 7.1–8, 14.1–4, 16.1, 21.1–2, 32.1, 42.1, 46.1–3, 55, 82.3, 91, 94, 107.2, 112.1–3, 113, 114.2, 119.1–2, 122.2–3, 128.1–4, 133, 144, 147.2, 152.1, 167.2, 180.3
Flughafen Düsseldorf GmbH, Düsseldorf: 88
IFA Bilderteam, München: 49.1–2, 61, 71.1–2, 102, 136.1–3, 138.1, 152.2, 189.1
Angelo Mizzi, Buxtehude: 20
Physikalisch-Technische Bundesanstalt PTB, Braunschweig: 115.2
Bernd Reelfs, Großenkneten: 11.1, 107.1
Dieter Rixe, Braunschweig: 56.2, 82.3
Schuster Bildagentur, Oberursel: 87
Silvestris Fotoservice, Kastl/Obb.: 83
ZEFA Zentrale Farbbild Agentur GmbH, Düsseldorf: 85.4

Die übrigen Zeichnungen wurden von der Technisch-Graphischen Abteilung Westermann, Braunschweig angefertigt.
Satz: O & S Satz GmbH, Hildesheim